Ullstein Sachbuch

Ullstein Sachbuch
Ullstein Buch Nr. 34045
im Verlag Ullstein GmbH,
Frankfurt/M – Berlin – Wien

Ungekürzte Ausgabe

Umschlagentwurf:
Hansbernd Lindemann

Lizenzausgabe mit
freundlicher Genehmigung
der Deutschen Verlags-
Anstalt, Stuttgart

Printed in Germany 1981
Druck und Verarbeitung:
Augsburger Druck- und
Verlagshaus GmbH
ISBN 3 548 34045 8

März 1981

CIP-Kurztitelaufnahme
der Deutschen Bibliothek

Haber, Heinz:
Eine Frage, Herr Professor: Heinz Haber
antwortet seinen Lesern u. Zuschauern /
Heinz Haber. – Ungekürzte Ausg. –
Frankfurt (M); Berlin; Wien:
Ullstein, 1981.
(Ullstein-Buch; Nr. 34045:
Ullstein-Sachbuch)
ISBN 3-548-34045-8
NE: GT

Heinz Haber

Eine Frage, Herr Professor

Heinz Haber
antwortet seinen Lesern
und Zuschauern

Ullstein Sachbuch

Die Bücher des Lektorats Öffentliche Wissenschaft
entstehen in enger Zusammenarbeit
mit der Redaktion der Zeitschrift *bild der wissenschaft*
im Verlagsbereich Öffentliche Wissenschaft.

Meinen treuen Lesern und Zuschauern gewidmet

Inhalt

Vorwort

Als langjähriger freier Mitarbeiter des amerikanischen, deutschen und österreichischen Fernsehens bin ich der Empfänger von recht zahlreicher Zuschauerpost. Auch habe ich während der letzten 20 Jahre eine Reihe von Büchern über wissenschaftliche Themen veröffentlicht, zu denen sich viele Leser brieflich äußerten.
Grundsätzlich ist ja Zuschauerpost für jeden Autor und Fernsehmacher sehr erfreulich, denn sie gibt ihm die Möglichkeit abzuschätzen, inwieweit seine Bücher und Sendungen bei der großen Öffentlichkeit überhaupt auf Interesse stoßen. Auf der anderen Seite können solche Zuschriften aber auch zu einem Problem werden. Ich jedenfalls habe die Erfahrung gemacht, daß mich meine Leser und Zuschauer glücklicherweise weniger kritisieren, obwohl das natürlich auch vorkommt; die meisten Briefe enthalten jedoch Fragen über die ganze Fülle der Probleme unserer modernen Wissenschaft und Technik, die den jeweiligen Absender sehr beschäftigen. Da ich mich nun einmal der Öffentlichen Wissenschaft verschrieben habe, nehme ich diese Briefe sehr ernst. Nur fällt es mir schwer, diese Fragen schriftlich und mit der Sorgfalt zu beantworten, die man dafür aufbringen sollte.
Es ist nämlich so, daß in den meisten Briefen eine Antwort auf ganz fundamentale Fragen erbeten wird. Nun kann ich aber unmöglich all diese Grundsatzthemen in Hunderten von Antwortbriefen behandeln. Um der Aufrichtigkeit und dem echten Wunsch des Fragestellers gerecht zu werden, müßte jeder Antwortbrief viele Seiten lang sein. Es bedrückt mich sehr, daß ich dieser Forderung nicht gewachsen bin. Nach jedem Buch und jeder Sendereihe müßte ich nämlich einige hundert mehrseitige Briefe schreiben. So muß ich meine treuen

Leser und Zuschauer, die wirklich Wert auf die Beantwortung ihrer Briefe legen, meist mit einem kurzen Brief abspeisen.

Nachdem ich nun schon bald 20 Jahre mit diesem Problem der Zuschriften von Lesern meiner Bücher und der Zuschauerpost lebe, möchte ich mit dem vorliegenden Buch mein Gewissen erleichtern. Es sieht so aus, als ob ein großer Teil der Öffentlichkeit sich für einige bestimmte Themen aus unserer modernen Wissenschaft ganz besonders interessiert. So werde ich – wenn auch in unterschiedlicher Form – vielfach um Klärung der gleichen Probleme gebeten. Eine Reihe dieser Fragen möchte ich hiermit in pauschaler Form beantworten.

Insgesamt habe ich zehn Fragen herausgesucht, die mir besonders häufig und immer wieder gestellt werden. Dieses Buch habe ich daher in Briefform geschrieben. Jedem meiner Antwortbriefe ist ein »Leserbrief« vorangestellt, den ich natürlich nicht in der hier abgedruckten Form erhalten habe. Ich habe lediglich aus Hunderten von Briefen summarisch jene Themen und Fragen zusammengestellt, die immer wieder auftauchen. Vielleicht erkennt der eine oder andere Briefschreiber einen Satz aus seiner Anfrage wieder. Das wäre allerdings nur ein Zufall. Die an mich gerichteten Briefe sind durchweg fingiert – sie beruhen allerdings auf meinem reichen Schatz an Erfahrungen als Empfänger vieler Anfragen.

Aus diesem Grund habe ich dieses Buch auch der treuen Gemeinde der Leser meiner Bücher und meiner Fernsehzuschauer gewidmet. Ich hoffe, daß viele von ihnen die gewünschten Auskünfte auf ihre Fragen finden werden, die ich ihnen persönlich nicht übermitteln konnte.

Hamburg, im Sommer 1978 Heinz Haber

1

Sehr geehrter Herr Professor Haber!

Wenn man an die verregneten Sommer der vergangenen Jahre denkt und schließlich hört, daß die Eisberge während der letzten Jahre bis zu 500 Kilometer weiter südlich in den Atlantik vorgestoßen sind, könnte man es wirklich mit der Angst zu tun bekommen, daß wir vielleicht in eine neue Eiszeit eintreten. Auch habe ich kürzlich von dem größten Eisberg gelesen, der vom Südpolareis abgebrochen ist. Er soll so groß wie Luxemburg gewesen sein. Alle diese Nachrichten können einem richtig Angst machen, und es wäre ja furchtbar, wenn eine Eiszeit über uns hereinbrechen würde. Wie steht es denn damit? Sind wir Menschen nicht selbst daran schuld? Neulich habe ich im Freundeskreis das Thema angeschnitten, und einige sagten, daran wären die Atombomben und die Kernkraftwerke schuld. Das kann ich mir eigentlich nicht richtig vorstellen, denn viele Umweltschützer kritisieren ja, daß das Kühlwasser, das aus den Kühltürmen auch in unsere Flüsse geleitet wird, die Luft und das Wasser aufheizen. Das würde doch gegen eine neue Eiszeit sprechen. Dies alles erscheint mir so widersprüchlich, daß ich mich überhaupt nicht mehr auskenne. Könnten Sie mich bitte darüber aufklären?
Mit bestem Dank für Ihre Mühe im voraus grüßt Sie als eifrige Leserin Ihrer Bücher und Zuschauerin Ihrer Fernsehsendungen

Anita A.

Kommt eine neue Eiszeit, oder ruinieren wir unser Wetter selbst?

Sehr geehrte Frau A.!

Mit Ihrem Brief, für den ich Ihnen danke, haben Sie ein sehr aktuelles Thema angeschnitten. Wenn Sie von den schlechten Sommern und dem Vorstoß der Eisberge berichten, haben Sie bestimmt recht. Die Meteorologen und die Klimatologen haben seit etwa 15 Jahren in der Tat eine merkliche Abkühlung unseres Planeten verzeichnet. Zuerst hat man festgestellt, daß sich das Wasser im Nordatlantik, also zwischen der Linie Island, Spitzbergen und der Grenze des Polareises, fast um einen halben Grad abgekühlt hat. Diese Abkühlungstendenz hat sich dann auch im Bereich des Meeres nördlich von Kanada bemerkbar gemacht. Auch ist der Ablauf der Jahreswitterung während der letzten 15 Jahre sehr viel wechselhafter geworden als während der relativ stabilen Jahrzehnte seit Beginn unseres Jahrhunderts. Dies sind zunächst einmal einige Beobachtungstatsachen, über die die Meteorologen sich seit einigen Jahren Gedanken machen. Ja, sie machen sich sogar ernsthafte Sorgen darüber.
Nun haben Sie in Ihrem Brief eine Frage angeschnitten, deren Lösung zu den schwierigsten Aufgaben gehört, der die Wissenschaftler der Welt gegenüberstehen. Ich brauche es Ihnen ja nicht zu sagen – Sie selbst drücken es in Ihrem Brief auch aus –, daß eine fortdauernde erhebliche Verschlechterung des Weltklimas sich für die zukünftige Ernährung der Menschheit katastrophal auswirken würde. Es braucht nicht gleich eine Eiszeit zu sein. Das Problem erscheint noch schwerwiegender, wenn man berücksichtigt, daß sich die Weltbevölkerung zur Zeit pro Jahr explosionsartig um etwa 75 Millionen vergrößert. Diesen Umständen Rechnung tragend, hat die amerikanische Regierung jüngst einen beachtlichen Dollarbetrag bereitgestellt,

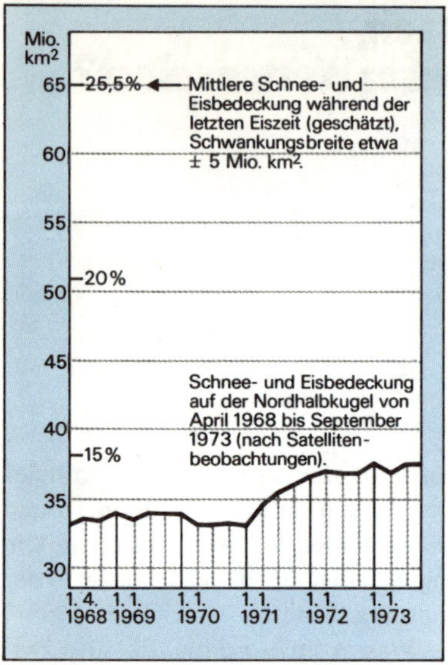

Satelliten messen Gletscher. Während der letzten Jahre hat die mittlere Temperatur der Nordhalbkugel deutlich abgenommen, wobei die Schnee- und Eisbedeckung zugenommen hat.

um die weltweite Klimaforschung schnellstens voranzutreiben. Eine internationale wissenschaftliche Union, die »World Meteorological Organization« (WMO), hat ebenfalls der Klimaforschung die Dringlichkeitsstufe 1 zugeteilt. Sie sehen also, daß die Wissenschaftler der Welt Ihre Sorgen teilen, das Problem erkannt haben und ernsthaft dabei sind, dem Wesen des planetaren Klimas auf die Spur zu kommen.

Eine Teilfrage Ihres Briefes möchte ich gleich zu Beginn beantworten und damit erledigen. Obwohl es immer wieder behauptet wird, haben Atombombenexplosionen bei Versuchszündungen in der Atmosphäre überhaupt keinen Einfluß auf das Wetter der Welt. Die gewaltige Hitze bei einer Atombombenexplosion reißt zwar viele Tausende von Tonnen Luft in die Höhe, wobei sie sich sehr stark abkühlt und ihren Wasserdampf in der Form einer riesigen Wolke ausscheidet. Das ist der berühmte Atompilz. Man hat nach solchen Explosionen auch in einem Umkreis von einigen Kilometern Regen beobachtet. Einen Einfluß auf das Weltwetter haben solche Explosionen jedoch nicht. Es ist zwar verschiedentlich behauptet worden, daß die bei einer Atomexplosion entstehenden, elektrisch geladenen Teilchen Kondensationskerne für Wasserdampf bildeten, wodurch über weite Strecken hinweg Lufttrübungen verursacht würden. Auch diese Überlegung entspricht in keiner Weise den Tatsachen. Die Atmosphäre der Erde enthält, aufgewirbelt durch ihre natürliche Windbewegung, auch im Normalzustand eine riesige Menge von Staubteilchen, teilweise vom Land, teilweise in Form von Salzteilchen aus dem Meer, zu denen im Vergleich die radioaktiven Teilchen nur einen nicht feststellbar geringen Bruchteil der in der Luft enthaltenen Kondensationskerne ausmachen. Nun, Atombombenexplosionen als die Störenfriede des Wetters sind in der öffentlichen Diskussion aus der Mode gekommen, denn seit mehr als zehn Jahren ist ja der internationale Atomstopp in Kraft; nur die Franzosen und Chinesen haben nach dessen Abschluß ein paar Bomben gezündet, und das Wetter hat sich seit diesem Stopp kaum verändert. Es ist eher noch wechselhafter geworden.

Auch die Frage der Kernkraftwerke möchte ich an dieser Stelle gleich ansprechen. Es ist richtig, daß wir mit den Kühltürmen und dem Kühlwasser von Atomkraftwerken unserer Umwelt zusätzliche Wärme zuführen, die normalerweise nicht hinzukäme. Aber genau dasselbe tun wir ja auch mit jedem anderen Kraftwerk, das mit Kohle oder Öl betrieben wird. Ja, es ist sogar so, daß alle unsere Automobile mit ihren heißen Auspuffgasen mehr Wärme beisteuern als alle Kernkraftwerke der Welt. An anderer Stelle in meinem Antwortbrief komme ich auf dieses Thema noch zu sprechen, denn die Wärmezufuhr durch die industrielle Tätigkeit des Menschen beginnt in der Tat im Wärmehaushalt unseres Planeten eine Rolle zu spielen, die wir bei Betrachtungen über die Zukunft des Klimas nicht mehr ganz außer acht lassen dürfen. Dabei sind die Kernkraftwerke keine Besonderheit, auch wenn viele irregeleitete Umweltschützer es nicht wahrhaben wollen.

Nun aber zu den Eiszeiten und zu den möglichen Ursachen dieser erstaunlichen Klimaschwankungen, die wir während der langen Geschichte unserer Erde vielfach verzeichnen konnten. Ja, es ist sogar so, daß wir die Erdgeschichte der letzten paar Millionen Jahre ohne die vier großen Eiszeiten, die sich während dieser Epoche ereignet haben, gar nicht richtig verstehen könnten. Es sind also sehr einschneidende Ereignisse in der Geschichte unseres Planeten.

Eine Eiszeit besteht darin, daß sich während eines Zeitraums von einigen zehntausend oder sogar hunderttausend Jahren die ganze

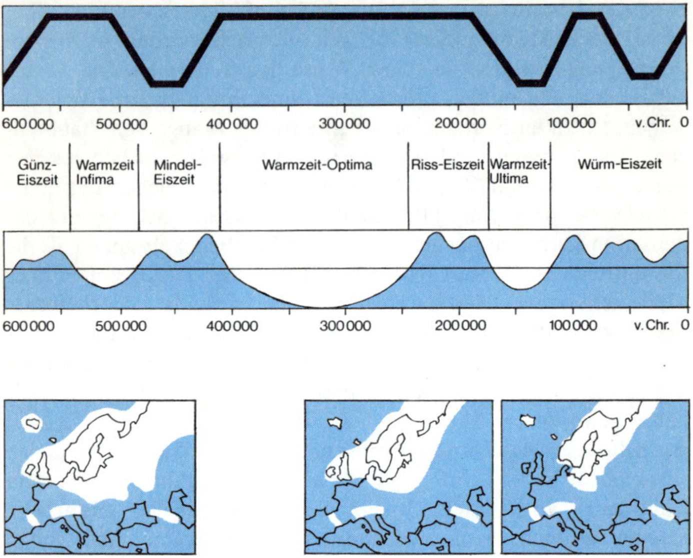

Während der letzten 600 000 Jahre haben wir vier Eiszeiten nachweisen können, die von typischen »Zwischeneiszeiten« verschiedener Länge unterbrochen waren. Die unteren Skizzen zeigen das Ausmaß der jeweiligen Vereisungen von Nord-Europa.

Erde merklich abkühlt. Erstaunlicherweise dreht es sich dabei nur um geringe Abkühlungen, wenn man sie am Thermometer abliest. Es hat sich nämlich gezeigt, daß schon eine Abkühlung in der mittleren Temperatur der gesamten Atmosphäre und des Weltmeeres um wenige Grade zu einer ernsthaften Eiszeit führen. Der jährliche Witterungsablauf, vor allem in den gemäßigten Zonen, würde ein völlig anderer, und es käme dazu, daß der Schnee des vergangenen Winters im darauffolgenden Sommer nicht völlig wegschmelzen würde. Oder besser gesagt, die Grenze des ewigen Eises würde von den Gipfeln der Hochgebirge in der Form von Gletschern bis tief in die Täler hinabwandern; vor allem aber würden die vereisten Polarkappen um

Vereisung der Nordhalbkugel während einer der letzten vier Eiszeiten. Die Vergletscherung reichte bis ins mittlere Nordamerika und bis nach Mitteleuropa.

mehr als 1000 Kilometer in Richtung auf den Äquator wandern. Dadurch würden vor allem die Kontinentalmassen der Nordhalbkugel bis in unsere Breiten hinein vereist und vergletschert werden. Bei der Südhalbkugel wäre das etwas anderes, da sich ja rings um die Antarktis ein breiter ununterbrochener Meeresgürtel um die ganze Erde herumschlingt. Nur die Spitzen von Südamerika und Südafrika, Australien und Neuseeland wären in diesem Fall gefährdet. Der Vorstoß des antarktischen Eises bei einer Eiszeit hinterließe daher keine so wesentlichen Spuren.

Es war nun typisch für die Eiszeiten der jüngsten Epoche der Erdgeschichte, daß sie periodisch auftraten und daß das Eis sich dann wieder für Zehntausende oder gar Hunderttausende von Jahren zurückzog. Die Erde erlebte dann eine sogenannte Zwischeneiszeit. Die letzte Eiszeit ist erst vor etwa 25 000 Jahren zu Ende gegangen, so daß die gesamte Geschichte der Menschheitskultur in eine solche Zwischeneiszeit fällt. Es ist also durchaus nicht abwegig, wenn man befürchtet, daß sich unsere moderne Zwischeneiszeit ihrem Ende nähert und die Gletscher wieder ihren Vormarsch beginnen.

Nun dürfen Sie allerdings nicht vergessen, daß die Menschheit eigentlich erst seit dreihundert Jahren echte Naturforschung betreibt und langsam einen immer besseren Einblick in den Ablauf der Naturvorgänge gewinnt. Das ist, gemessen an dem Rhythmus der Eiszeiten und Zwischeneiszeiten, ein sehr kleiner Zeitraum. Es wäre schon ein großer Zufall, wenn just in unserer modernen Zeit, in der wir diese Dinge in etwa zu durchschauen beginnen, sich ein solch großer Wechsel anbahnen würde, wie er sich etwa alle 50 000 bis 100 000 Jahre ereignet. Wenn ich das alles bedenke, habe ich vor einem baldigen Hereinbrechen einer neuen Eiszeit keine so große Angst. Allerdings muß ich, zusammen mit vielen Wissenschaftlern, auch zugeben, daß wir ein von der Statistik her so unerwartetes Ereignis nicht mit Sicherheit ausschließen können. Der Grund dafür liegt einfach darin, daß wir immer noch nicht so recht wissen, wodurch Eiszeiten entstehen und welche Kräfte es sind, die dann wieder zu ihrem Ende führen.

Es gibt eine ganze Reihe von ungelösten Rätseln in der Natur, und es ist typisch für solche Rätsel, daß immer wieder neue Vorschläge zu ihrer Lösung gemacht werden. Deshalb gibt es mehr als ein Dutzend Theorien, die die Eiszeiten erklären wollen. Nur die Entscheidung darüber, welche wohl die richtige sei, ist sehr schwierig.

Am einfachsten wäre es wohl, wenn wir die Sonne dafür verantwortlich machen könnten. Die Sonne ist ein Stern, der seine Strahlung mit einer bewundernswerten Gleichförmigkeit abgibt. Sie ist ein sehr verläßlicher Ofen. Man kann nun berechnen, daß eine Verminderung der Sonnenstrahlung von nur einem Prozent während einiger zehntausend Jahre völlig ausreichen würde, um den nördlichen Teil der Kontinente wieder vereisen zu lassen. Auf der anderen Seite haben die Sonnenforscher noch gar keinen Hinweis dafür gefunden, warum die Sonnenstrahlung sich überhaupt ändern könnte. An der während der letzten 15 Jahre beobachteten Abkühlung des Atlantik ist die Sonne ganz bestimmt nicht schuld. Sie ist nämlich noch nie so sorgfältig überwacht worden wie gerade während der letzten zwanzig Jahre, das heißt, seit dem Beginn der Weltraumfahrt. Aus diesem Grund möchte ich die Sonne als Ursache von Eiszeiten eigentlich ausschließen; diese Auffassung teilen auch fast alle Wissenschaftler der Welt. Die Gründe für eine Eiszeit und deren Ende müssen wir also wohl bei der Erde selbst suchen.

Lange Zeit glaubte man, das Rätsel der Eiszeiten gelöst zu haben. Schon in den zwanziger Jahren nämlich hatte der jugoslawische Klimatologe Milanković die Idee gehabt, die Eiszeiten könnten durch periodische Schwankungen in der Form der Erdbahn verursacht werden. Die Erdbahn ist ja eine Ellipse, und zur Zeit hat die Ellipse, relativ zur Erdachse, eine solche Form und Lage, daß die Sommer der Nordhalbkugel sechs Tage länger sind als auf der Südhalbkugel. Das können Sie an Ihrem Kalender selbst abzählen. Milanković hat nun die periodischen Schwankungen der Erdbahn, die durch die großen Planeten in unserem Sonnensystem verursacht werden, berechnet. Dabei hat sich herausgestellt, daß die Erde zu verschiedenen Zeiten zwar sehr heiße, aber kurze Sommer und sehr lange Winter gehabt hat. So etwas könnte durchaus zu einer Vereisung der Erde führen. Wenn sich dann die Form der Erdbahn wieder einem Kreis nähert, gleichen sich die Jahrestemperaturen wieder mehr aus, und die Eiszeit geht zu Ende. Das Bestechende an der Theorie von Milanković besteht darin, daß die kritischen Schwankungen der Erdbahn während der letzten Jahrmillionen erstaunlich genau mit den letzten vier Eiszeiten zusammenfielen.

Wenn ich Ihnen das so erzähle, würden Sie mir bestimmt zustimmen, wenn auch ich das Rätsel der Eiszeiten eigentlich für gelöst hielte. Leider hat die moderne Klimaforschung gezeigt, daß Milanković doch nicht recht haben kann. Es hat sich nämlich herausgestellt, daß das Herannahen einer Eiszeit und ihr endgültiges Ende viel schneller ablaufen, als man früher geglaubt hat. Man war nämlich der Meinung, daß eine Eiszeit, die vielleicht hunderttausend Jahre währt, mindestens zehntausend Jahre im Kommen und mindestens zehntausend Jahre im Gehen ist. So langsam sind auch die Schwankungen in der Form der Erdbahn. Nun aber wissen wir mit Sicherheit, daß die Anfangsphase einer Eiszeit höchstens tausend, ja vielleicht sogar nur hundert Jahre dauert. Erdgeschichtlich gesehen, kommt also eine Eiszeit über Nacht. Deshalb können Sie auch verstehen, weshalb man in Sibirien vollständig erhaltene Kadaver von Mammuts gefunden hat, deren Fleisch nach dem Auftauen sogar noch genießbar war. Diese Mammutherden sind von dem Beginn der letzten Eiszeit buchstäblich überrascht worden. Das klingt nun sehr bedrohlich, und vielleicht hätte man dann doch Grund, vor einer jetzt einbrechenden neuen Eiszeit Angst zu haben.

Nachdem wir die an sich sehr schöne Theorie von Milanković verwerfen mußten, fragen Sie sich mit Recht, wodurch dann Eiszeiten verursacht werden. Ganz sicher können wir es immer noch nicht sagen, trotzdem möchte ich Ihnen einige Ursachen nennen, über die sich die meisten Klimatologen heute in etwa einig sind.

Um Ihnen die jüngsten Überlegungen der Klimaforscher zu erläutern, muß ich jetzt auf das eingehen, was man den Energiehaushalt der Erde nennt. Die Erde empfängt auf ihrer Tagesseite jahraus, jahrein eine gewaltige Menge von Strahlungsenergie, mit der sie fertigwerden muß. Nun haben wir ja gesehen, daß die Sonnenstrahlung – zumindest während der uns hier interessierenden geologischen Epoche – immer gleich bleibt. Nach den Gesetzen der Physik muß die Erde daher während 24 Stunden genau soviel Energie wieder in das Weltall zurückstrahlen, wie sie während der gleichen Zeit von der Sonne empfangen hat. Dann kann ihre mittlere Temperatur gleich bleiben. Von diesem Energiehaushalt unseres Planeten können wir sofort etwa 30% abziehen, da dieser Betrag der Sonnenenergie unmittelbar wieder in den Weltraum zurückgestrahlt wird. Sie kennen doch bestimmt die schönen Aufnahmen des Erdballs, die von Apollo-Astronauten aus großer Entfernung gemacht worden sind. Mehr als die Hälfte der Oberfläche der Erde ist dauernd von Wolken bedeckt, und auch der Glanz der vereisten Polarkappen ist bei dort wolkenlosem Himmel deutlich zu sehen. Die Erde ist also ein sehr heller Planet, wenn man ihn von fremden Welten aus beobachtet. Die Oberfläche des Mondes dagegen gleicht einem fast schwarzen Aschenhaufen, der nur 6% des Sonnenlichts zurückstrahlt.

Die zunächst auf der Erde zurückbleibende Sonnenenergie (70%) wird von der Atmosphäre, vom Erdboden und vom Weltmeer aufgenommen. Diese Energie erfährt dann zahlreiche Umwandlungen bei Temperaturschwankungen des Erdbodens, bei Meeresströmungen und vor allem durch die Winde und alle übrigen Erscheinungen des Wetters. Da die Erde im Durchschnitt jedoch ihre mittlere Temperatur von etwa 15 Grad beibehält, müssen auch die 70% wieder in den Weltraum ausgestrahlt werden. Diese Ausstrahlung erfolgt allerdings

nicht in der Form von sichtbarem Licht, sondern von langwelliger infraroter Strahlung. Der Energiehaushalt der Erde befindet sich normalerweise in einem sehr fein ausgewogenen Gleichgewicht. Nur wenn sich dieses Gleichgewicht verschiebt, kann sich die Erde abkühlen – was zu einer Eiszeit führt – oder aufheizen, was eine Zwischeneiszeit zur Folge hat.
Sie können also einen Einblick gewinnen in den Ursprung der Eiszeiten, wenn Sie nach Schwankungen in der Energiebilanz fahnden. Zunächst kann es einmal dazu kommen, daß die Erde zu bestimmten Zeiten mehr Sonnenlicht unmittelbar reflektiert. Das kann passieren, wenn sich die Wolkenbedeckung insgesamt erhöht, wenn größere Teile der Erde für längere Zeit mit Schnee bedeckt sind, die Fläche des Polareises größer oder die Erdatmosphäre trübe wird. Die durchschnittliche Bewölkung der Erde bleibt im Durchschnitt immer dieselbe. Starke Trübungen der Erdatmosphäre ereignen sich oft für Jahrzehnte, wenn sich gewaltige Vulkanausbrüche – wie seinerzeit beim Krakatau – häufen. Dabei werden feinste Staubteilchen in die Luft geschleudert, die die Atmosphäre auf Jahre hinaus weltweit merklich trüben. Auch nach sehr schneereichen Wintern, wenn große Teile der Kontinente länger als normal eine Schneedecke tragen, wird mehr Sonnenlicht reflektiert. Diese beiden Faktoren – Vulkanstaub in der Atmosphäre und ungewöhnlich breitflächige Schneedecken – kühlen die Erde schon deshalb ab, weil sie dann mehr Sonnenlicht in den Weltraum zurückwirft als zu normalen Zeiten. Solche Störungen pendeln sich jedoch meist nach einigen Jahrzehnten wieder ein, und die Erde kehrt wieder in den Normalzustand zurück.
Aber auch die Fähigkeit der Erde, die übrigen 70% der Wärme durch infrarote Strahlung wieder loszuwerden, unterliegt Schwankungen. Schuld daran ist ein Bestandteil der Atmosphäre, das Kohlendioxyd (auch fälschlich Kohlensäure genannt), das allerdings nur 0,03% der Atmosphärenmasse ausmacht. Dieses Gas ist aber optisch, das heißt im Infrarotbereich, überaus wirksam. Das Kohlendioxyd in der Atmosphäre läßt das sichtbare Sonnenlicht ungehindert einfallen – wirkt aber der infraroten Strahlung gegenüber als sehr wirkungsvolles Filter.
Das Kohlendioxyd in der Atmosphäre hat also dieselbe Eigenschaft wie die Scheiben eines Gewächshauses, die ebenfalls das Sonnenlicht ungehindert eintreten lassen, den Rückstrom der Wärmestrahlung jedoch zurückhalten. Deshalb ist es in einem Gewächshaus auch im-

mer so warm, und die Klimatologen sprechen vom »Glashauseffekt« des Kohlendioxyds in der Atmosphäre. Wenn also bei zufällig angehäuften Staubmassen in der Atmosphäre und ausgedehnten Schneefeldern gleichzeitig die Kohlendioxyddichte der Atmosphäre abnähme, so könnte sich die Erde innerhalb weniger Jahrzehnte gefährlich abkühlen und eine Eiszeit anbrechen.

Die Abnahme des Kohlendioxyds tritt nun aber auch automatisch ein, sobald das Weltmeer sich abzukühlen beginnt. Im gesamten Wasser der Ozeane nämlich steckt 50mal mehr Kohlendioxyd als in der ganzen Atmosphäre. Nun ist Wasser imstande, bei Abkühlung zusätzlich Kohlendioxyd aufzunehmen, so daß das Weltmeer bei beginnender Abkühlung anfängt, Kohlendioxyd aus der Atmosphäre herauszusaugen. Dadurch kann die schon vorher verringerte Wärme immer leichter in den Weltraum entweichen. Diese Prozesse wirken also lawinenartig und alle in die gleiche Richtung: hin zu einer Abkühlung der Erde. Man sieht heute darin den Grund, weshalb eine Eiszeit sehr schnell eintreten kann und kaum mehr aufzuhalten ist.

Die Erde strebt dann einem neuen Gleichgewichtszustand zu, der sich bei einer um ein paar Grad niedrigeren Gesamttemperatur einpendelt. Dann bekommen wir eine Eiszeit. Meist jedoch fängt sich die Erde wieder, so daß es bei den meisten anfänglichen Abkühlungen doch nicht zu einer vollen Eiszeit kommt. Man spricht daher von einer »abortiven Eiszeit«.

Solche Schwankungen haben sich in der nachweisbaren Geschichte der Menschheit, das heißt während der letzten Jahrtausende, öfter ereignet. So haben wir in der Zeit zwischen 800 und 1200 n. Chr. eine besonders ausgeprägte Wärmeperiode gehabt. Zur Zeit Karls des Großen herrschte also ein sehr warmes, angenehmes Klima. In der gleichen Zeit etwa ist das Klima der Mittelmeerländer zu heiß und zu trocken geworden; diese Gegenden sind verkarstet, und die Sahara ist zu einer Wüste geworden. Alten arabischen Reiseberichten ist zu entnehmen, daß die Sahara vor 1 500 Jahren noch keine echte Wüste gewesen ist, sondern eher eine Steppe.

In dem Zeitraum zwischen 1550 und 1850 kam dann eine – klimatologisch gesehen – ziemlich gefährliche Abkühlung, in der sich die Witterung weltweit sehr verschlechtert hat. Es gab sehr strenge Winter und nur kurze, heiße Sommer. Man hat diese Epoche die »kleine Eiszeit« genannt. Aus jener Zeit stammen auch unsere Märchen, in denen sehr viel von bitterer Kälte die Rede ist. Etwa seit Mitte des

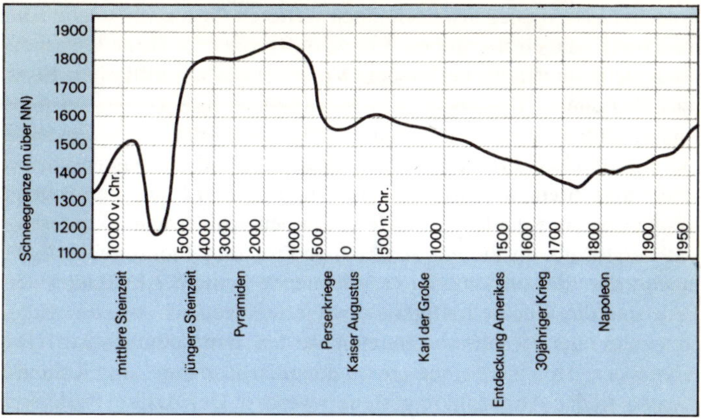

Seit der mittleren Steinzeit vor rund 12 000 Jahren unterlag unser Klima sehr ausgeprägten »säkularen« Schwankungen. Zu Beginn der Hochkulturen vor 3000 bis 8000 Jahren unserer Zeitrechnung hatten wir ein sehr warmes Klima, das sich vor etwa 250 Jahren stark verschlechterte. Seit Beginn des 18. Jahrhunderts trat eine Verbesserung ein, die bis in unsere Tage anhielt. Seit 1960 senkt sich diese säkulare Kurve wieder etwas.

vorigen Jahrhunderts, vor allen Dingen seit 1900, hat sich die Erde wieder merklich erwärmt, und von der berühmten weißen Weihnacht lesen wir eigentlich nur noch in den Geschichten unserer Urgroßväter. In der gleichen Zeit sind auch die Hochgebirgsgletscher in der ganzen Welt stark zurückgegangen. Bis etwa zum Jahr 1960 haben wir ein sehr schönes und angenehmes Klima gehabt. Und erst in jüngster Zeit haben wir jenes wechselhafte Wetter, über das Sie in Ihrem Brief ja auch Klage geführt haben. Es sieht so aus, als ob die schönen Jahrzehnte vorüber seien.

Die Wissenschaftler sind zur Zeit dabei, diese »säkularen« Klimaschwankungen zu erforschen. Erschwert wird diese Arbeit allerdings dadurch, daß wir leider nicht wissen, wie staubig die Erdatmosphäre und wie groß die Schneedecke über den nördlichen Kontinenten zwischen dem 16. und 19. Jahrhundert gewesen sind. Amerikanische

Forscher haben überdies noch einen weiteren Grund für solche Klimaschwankungen angegeben. Es sind dies größere, in ihren Ursachen noch nicht einwandfrei erforschte Vorstöße des antarktischen Eises nach Norden.
Im November 1975 hat der Bonner Wissenschaftler, Professor Hermann Flohn, das Problem in der Zeitschrift »bild der wissenschaft« sehr einleuchtend beschrieben. Er ist einer unserer führenden Klimatologen und der deutsche Vertreter bei den großen Klimakonferenzen der WMO. In diesem Artikel hat Professor Flohn geltend gemacht, daß die seit 1960 zu verzeichnende geringe Abkühlung der Erde und die Wechselhaftigkeit des Wetters vielleicht nur die nächsten zehn oder 20 Jahre bestimmen werden; dann nämlich wird das Klima der Erde von einer entscheidenden Zunahme des Kohlendioxyds in der Atmosphäre gesteuert werden. Der Artikel Professor Flohns trug den Titel »Regieanweisungen eines Wissenschaftlers«, denn er hat für die Zukunft des Klimas für das nächste Jahrhundert schwere Bedenken. Die Menschheit mit einer Bevölkerung von über vier Milliarden beginnt nämlich in die großen planetaren Kräfte, die das Klima steuern, entscheidend einzugreifen.
In dem Energiehaushalt der Erde, den ich Ihnen vorhin beschrieben habe, spielt der Mensch mit seiner Erzeugung künstlicher Wärme heute noch eine sehr bescheidene und nicht entscheidende Rolle. Sein Eingriff in den Wärmehaushalt beträgt nur wenig mehr als 1% des Energiekreislaufs des gesamten Planeten. Das ist noch sehr wenig, dennoch aber auch erstaunlich viel.
Die große Gefahr, auf die Professor Flohn für unser zukünftiges Klima hingewiesen hat, besteht jedoch darin, daß wir den Finger am Schalthebel eines gewaltigen Verstärkers haben. Ich habe Ihnen vorhin ja geschrieben, daß nur 0,03% der gesamten Atmosphärenmasse aus Kohlendioxyd besteht. Seit wir Mitte des vorigen Jahrhunderts begannen, die Kohle zu nutzen, Öl und Erdgas zu verbrennen, hat die Menschheit mit ihrer industriellen Tätigkeit den Kohlendioxydgehalt der Luft bereits um mehr als 10% erhöht. Gleichzeitig hat die steil wachsende Menschheit einen riesigen Teil der Urwälder abgerodet und durch großflächiges Abbrennen von Savannen für die Gewinnung von Ackerböden erheblich in die Pflanzenwelt eingegriffen. Die Pflanzen jedoch sind es, die den Kohlendioxydgehalt der Luft im Gleichgewicht halten. Durch natürliche Verwesungsprozesse und durch Vulkane wird dauernd Kohlendioxyd nachgeliefert, den die

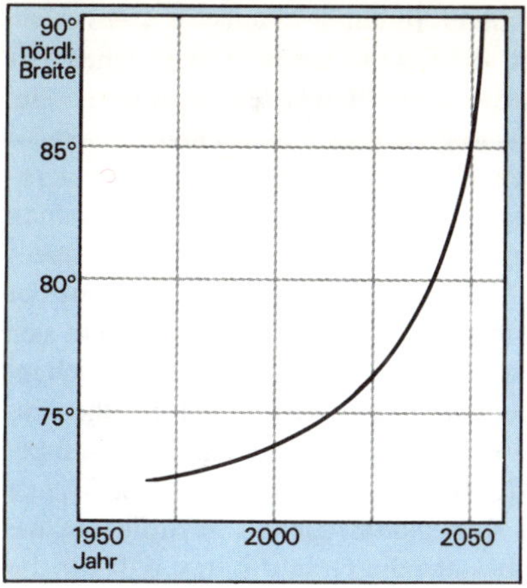

Nach dem Modell von Budyko (1974) verlagert sich die polare Eisgrenze mit wachsender Geschwindigkeit nach Norden. Um das Jahr 2050 wird das nördliche Polareis verschwunden sein. Diese Entwicklung ist zu erwarten, wenn die mutmaßliche, durch den Menschen erzeugte Zunahme des Kohlendioxyd-Gehalts der Erdatmosphäre durch Verbrennung von Kohle, Öl und Erdgas eintreten wird.

Pflanzen schon seit Jahrmillionen wieder einfangen und damit den Kohlendioxydgehalt der Luft auf einem niedrigen Stand halten.
Die industrielle Tätigkeit des Menschen wird in den nächsten 20 bis 30 Jahren bestimmt noch steil zunehmen müssen, wenn wir nicht alle verhungern wollen. Das bedeutet: eine steigende Energieerzeugung, eine jährlich immer größere Masse an Kohle, Erdgas, Öl, die wir verbrennen. Dazu kommt noch der jährliche Schaden, den wir der Pflanzenwelt zufügen. Damit wird eine gefährliche Lawine in Gang gesetzt werden, die allerdings in die andere Richtung läuft – weg von einer Eiszeit. Der immer dicker werdende Kohlendioxydschirm in der Atmosphäre hindert die Erde daran, genügend Wärme durch infrarote Strahlung loszuwerden. Dadurch wird in den nächsten 50 bis 100 Jahren die Erdtemperatur weiter ansteigen. Man kann jetzt schon abschätzen, daß dadurch das nördliche Polareis bis zum Jahr 2050 völlig weggeschmolzen sein wird. Damit wird die Erde auch weniger Licht der Sonne reflektieren können. Sie wird dadurch noch wärmer. Gleichzeitig erwärmen sich auch die Ozeane, denn nun geschieht das Gegenteil von dem, was sich zu Beginn einer Eiszeit ereignet. Das erwärmte Meerwasser wird laufend gewaltige Mengen gelösten Kohlendioxyds abdampfen und zusätzlich noch zur Verdichtung des Kohlendioxydschirms in der Atmosphäre beitragen. Dadurch wird die Erde wiederum noch wärmer.
Das sind nun keine schönen Aussichten für unsere Enkel und Uren-

kel. Weit davon entfernt, eine Eiszeit fürchten zu müssen, steht ihnen eine Klimaänderung ins Haus, die für die landwirtschaftlichen Erträge der Zukunft das Schlimmste befürchten lassen. Jetzt sehen Sie, weshalb die Klimatologen sich so große Sorgen machen.

Jetzt können Sie auch erkennen, daß wir den Geheimnissen der großen Klimawechsel unseres Planeten schon auf die Spur gekommen sind. Mit der Reflektionsfähigkeit der Atmosphäre und der Schnee- und Eismassen auf Land und Meer auf der einen Seite und mit der Dichte des Kohlendioxydschirms auf der anderen Seite befindet sich unser blauer Planet normalerweise in einem sehr delikaten Gleichgewicht. Aber selbst geringfügige Änderungen dieser Bedingungen haben im Sinn eines Verstärkers sehr große Wirkungen. Am Staubgehalt der Atmosphäre und an der Größe der Schnee- und Eisflächen ändern wir ja nicht viel; den Kohlendioxydgehalt beeinflussen wir aber ganz erheblich. Deshalb besteht die Gefahr darin, daß wir das noch bestehende delikate Gleichgewicht zum Einsturz bringen.

Wenn man diese Visionen der Zukunft ins Auge faßt, muß man sich eigentlich über die Gegner von Kernkraftwerken wundern. Ein Kernkraftwerk erzeugt nämlich seine Energie nicht durch Verbrennung, sondern durch eine Kernreaktion. Es kann gar nicht oft genug gesagt werden, daß Kernkraftwerke die bisher sauberste und sicherste Form der Energiegewinnung darstellen, die der Mensch je erfunden hat. Die Kernkraftwerksgegner fordern, genau genommen, eigentlich etwas sehr Törichtes. Sie möchten die Kernkraftwerke durch klassische Kohle- oder Ölkraftwerke ersetzen und beschleunigen damit nur das böse Schicksal ihrer Enkel, das sie verhindern wollen.

Jetzt werden Sie mich fragen, aus welchem Grund sich die Erde seit 15 Jahren abkühlt und die Witterung so wechselhaft geworden ist. Nun, die Klimatologen sind der begründeten Meinung, daß es sich hier um eine jener säkularen Klimaschwankungen handelt, wie wir sie in der Geschichte der Menschheit öfter beobachtet haben und wie ich sie Ihnen ja oben beschrieb. Die wärmere Periode der letzten hundert Jahre geht wohl auch aus den gleichen Gründen zu Ende wie die wärmere Periode zur Zeit Karls des Großen. Die jüngste Abkühlung wird jedoch von dem unerbittlichen Anstieg des Kohlendioxyds in der Atmosphäre noch vor Ende dieses Jahrhunderts überrollt werden.

Es tut mir leid, daß mein Antwortbrief mit einer so düsteren Zukunftsvision enden mußte. Auch sehen Sie jetzt, wie wichtig die Er-

forschung des Klimas ist, damit die Menschheit das in ihrer Macht Stehende tun kann, um den Kohlendioxydgehalt der Luft nicht weiter so schnell wachsen zu lassen. Wir müssen die Pflanzen zu Hilfe nehmen, die das Kohlendioxyd aus der Luft herausholen können; wir müssen Energieformen finden, die ohne Verbrennung den Energiebedarf der Menschheit decken können. Wir müssen als Menschheit große Anstrengungen machen, um das goldene Gleichgewicht unseres Planeten nicht von uns aus umzustürzen. Und das wäre eine echte Aufgabe für die vielen irregeleiteten und nicht hinreichend informierten Umweltschützer.
Mit herzlichem Dank für Ihr Interesse an meinen Büchern und Sendungen grüßt sie

Ihr

Heinz Haber

2

Sehr geehrter Herr Professor Haber!

Jedes Jahr freuen sich meine Familie und ich auf die Ferien, nachdem mein Mann monatelang gearbeitet hat und die Kinder endlich große Ferien bekommen. Nun muß ich Ihnen sagen, daß uns in den letzten Jahren das Wetter eigentlich immer einen Strich durch die Rechnung gemacht hat. Als wir vor ein paar Jahren in Italien waren, hatten wir dort auch nur wenig Sonne; Freunde von uns waren in Dänemark und hatten prima Wetter. Dann haben wir uns 1977 für Sylt entschlossen, und wieder haben wir Pech gehabt. Die Sonne hat nur selten geschienen, und das Wasser war so kalt, daß die Kinder nicht baden und nur mit dem Pullover an den Strand konnten. Kann man denn das verflixte Sommerwetter nicht so rechtzeitig voraussagen, daß man sich mit seinen Ferienplänen ein wenig einrichten kann? Es gibt doch heute Satelliten für das Wetter und diese Computer, mit denen die Wetterkarte jeden Tag gemacht wird. Der Wettermann im Fernsehen hat bei unseren letzten Ferien leider immer nur recht gehabt, wenn er Bewölkung und kalte Winde voraussagte. Soll ich mich vielleicht nicht besser an die Siebenschläferregel halten, die ich von meiner Mutter her noch kenne:

> *Wie Sonne und Regen am Siebenschläfertag*
> *Der Himmel für sieben Wochen weiter so mag.*

Oder können Sie mir einen besseren Rat geben, wo wir im nächsten Jahr am besten Ferien machen sollen? In der Hoffnung, von Ihnen eine Antwort zu erhalten, verbleibe ich mit bestem Gruß

Beate B.

Das verflixte Sommerwetter

Sehr geehrte Frau B.!

Mit Ihrem Brief, für den ich Ihnen sehr danke, haben Sie mich etwas in Verlegenheit gebracht. Ganz bestimmt möchte ich nicht die Verantwortung auf mich nehmen, Ihnen etwa zu einem anderen Ferienort für Ihren nächsten Urlaub zu raten, denn ich kann bestimmt nicht garantieren, daß das Wetter dort nicht auch schlecht ist. Es war sehr nett von Ihnen – und dafür möchte ich mich auch im Namen meiner Kollegen vom Wetterdienst bedanken –, daß Sie uns Wissenschaftlern zutrauen, eine Antwort auf diese für uns alle doch so wichtige Frage zu geben. Aber glauben Sie mir, auch die Meteorologen sprechen trotz ihrer Wettersatelliten und ihrer Computer oft von dem verflixten Sommerwetter.
Sie werden bestimmt schon bemerkt haben, daß die Meteorologen jeden Tag mit ziemlich großem Vertrauen auf ihre Wissenschaft das Wetter des nächsten Tages voraussagen. Das kennen Sie ja von der täglichen Wetterkarte im Fernsehen. Viele Leute meinen, daß auf solche kurzfristigen Wettervorhersagen doch kein Verlaß sei. Das stimmt aber überhaupt nicht. Man kann nämlich statistisch nachweisen, daß diese täglichen Wettervorhersagen – von einigen lokal beschränkten Ausnahmen abgesehen – zu mehr als 95 Prozent der Fälle richtig sind. Wenn bei Annäherung eines Tiefdruckausläufers für den Nachmittag des nächsten Tages Bewölkungszunahme und strichweiser Regen angekündigt worden sind, dann können Sie sich eigentlich ziemlich gut darauf verlassen. Abgesehen von dem Netz der weltweiten Beobachtungsstationen für das Wetter, besitzen ja die Meteorologen von heute die neuen Satellitenbilder. Dabei wird aus einer Höhe von mehreren hundert Kilometern die Erde Tag für Tag foto-

grafiert, während der Satellit unseren Planeten ununterbrochen alle 90 Minuten von Pol zu Pol umkreist. Die amerikanische Weltraumbehörde hat dabei die Radiofrequenzen für den Abruf dieser gespeicherten Wolkenbilder der Erde bekanntgegeben, so daß selbst pfiffige Schulbuben sich bereits Geräte gebaut haben, um diese Wetterbilder abzurufen und aufzuzeichnen. Auf diesen Satellitenbildern können die Meteorologen dann schon das Wolkenfeld, dessen Ankunft sie für den nächsten Tag voraussagen, über der Nordsee, Großbritannien und dem westlichen Frankreich sehen. Hier also hat die moderne Technik der Meteorologie große Hilfen geleistet.

Auf der anderen Seite müssen Sie verstehen, weshalb viele Leute der Wetterkarte mißtrauen und sich auch über die armen »Wetterfrösche« lustig machen. Selbstverständlich kommt es gelegentlich vor, daß das unberechenbare und rastlose Luftmeer seine Bewegungen und Strukturen binnen weniger Stunden so entscheidend ändert, daß das Wolkenfeld viel schneller kommt oder an der Stelle verharrt – und sich vielleicht sogar auflöst. Es liegt nun in der menschlichen Natur, daß eine solcher Fehlleistungen viel mehr im Gedächtnis haften bleibt als 10 richtige Voraussagen. Nun haben Sie selbst ja über die Unzuverlässigkeit der Wetterkarte keine Klage geführt; den Nörglern, die mir auch Briefe schreiben, gebe ich dann immer den Rat, für das nächste Jahr täglich die Voraussagen mit dem dann wirklich eingetretenen Wetter zu vergleichen. Dann nämlich können sie feststellen, daß die Angaben in der Wetterkarte mindestens in 95 von 100 Fällen in der Tat zutreffen. Dazu haben diese Menschen natürlich keine Geduld – sonst wären sie ja auch keine Nörgler.

Jetzt aber zurück zu dem verflixten Sommerwetter. Die Auskunft, um die Sie mich gebeten haben, betrifft das, was die Meteorologen als eine »langfristige« Wettervorhersage bezeichnen. Glauben Sie mir, es bedrückt die Meteorologen weit mehr als ihre Kunden vor dem Fernsehschirm, daß es ihnen noch nicht gelungen ist, solche langfristigen Wettervorhersagen verläßlich zu machen. Dazu ist das Wettergeschehen viel zu kompliziert; die Witterung für die kommende Jahreszeit, sei es Sommer oder Winter, läßt sich leider überhaupt nicht daran ablesen, wie das Wetter einige Monate davor ausgesehen hat. Es ist zwar richtig, daß es typische Abläufe des Saisonwetters gibt, die sich über die Jahrzehnte hinweg in etwa gleichen. Allerdings sind hier die Ausnahmen ebenso häufig wie die Regel. Dabei muß man noch hinzufügen, daß es eigentlich keine richtigen Regeln gibt.

Die Meteorologen sind verantwortungsbewußte Wissenschaftler und geben deshalb keine langfristigen Prognosen ab, weil sie wissen, daß darauf kein echter Verlaß ist. In diese Lücke stoßen natürlich viele Leute, die alles besser wissen. Einige von ihnen haben sich damit einen Namen gemacht, indem sie behaupten, auf Jahre hinaus einen guten oder einen schlechten Sommer voraussagen zu können. Diese Propheten haben viele Anhänger, die entweder als Landwirte, Weinbauern oder auch Urlauber mit einem guten Wetter große Hoffnungen verbinden. Ich möchte Ihnen raten, diesen Propheten keinen Glauben zu schenken. Natürlich haben sie manchmal recht, und wenn einer dieser Propheten Glück hat, dann treffen seine Voraussagen sogar ein paarmal hintereinander zu. Das weist ihn natürlich als einen »verläßlichen« Propheten aus, und die Meteorologen stehen als dumme Ignoranten da. Das ist natürlich Unsinn. Das Problem der langfristigen Wettervorhersage brennt den Meteorologen und Klimatologen so sehr auf den Nägeln, daß sie die Voraussagen solcher Propheten auch überprüfen. In jedem Fall hat sich dabei – genauso wie beim hundertjährigen Kalender – herausgestellt, daß sie auf die Dauer ebenso oft danebenhauen, wie sie Treffer erzielen.
Wenn Sie nach dieser Methode das verflixte Sommerwetter für das nächste Jahr in Erfahrung bringen wollen, dann können Sie ebenso gut würfeln. Fällt der Würfel auf die Zahlen 1 bis 3, dann wird der Sommer gut, fällt der Würfel auf die Zahlen 4 bis 6, wird er schlecht. Meinetwegen können Sie es auch umgekehrt machen.
Soviel zu den berühmten Wetterpropheten. Da sind Sie schon besser beraten, wenn Sie sich an die Siebenschläferregel Ihrer Mutter halten. Darin steckt nämlich, genauso wie in vielen alten Bauernregeln über das Wetter, eine über die Jahrhunderte hinweg ererbte Erfahrung und Weisheit. Nach der Überlieferung fällt der Siebenschläfertag auf den 27. Juni. Just um diese Zeit herum nämlich schaltet die Atmosphäre der Nordhalbkugel und insbesonders über Europa von einer typischen Winterstruktur auf die Sommerform um. Das ist eine Erkenntnis, die die Meteorologen mit ihren fleißigen Aufzeichnungen seit mehr als hundert Jahren gewonnen haben. Nur dürfen Sie das Datum nicht so genau nehmen und sich auf den Tag des 27. Juni versteifen. Grundsätzlich jedoch ist es so, daß sich etwa zwischen dem 20. Juni und dem 10. Juli entscheidet, ob wir in Mittel- und Nordeuropa mit einer gewissen Wahrscheinlichkeit einen schönen Sommer haben werden oder nicht. Ich bin zwar kein Fachmeteorologe und

verstehe vom Wetter nur soviel wie jeder andere Physiker und Astronom auch. Dennoch konnte ich 1977 in der ersten Juliwoche bereits in etwa voraussagen, daß das Sommerwetter des Jahrs 1977 vielen Urlaubern Ärger bereiten würde. In jenem Jahr nämlich ist die typische Verteilung von Hochdruckgebieten zwischen dem Mittelatlantik und Rußland nicht so völlig zur Ausbildung gekommen, wie sie für einen guten Sommer erforderlich ist.

Ich kann Ihren Brief und Ihre Frage nach dem verflixten Sommerwetter allerdings nur dann sinnvoll beantworten, wenn Sie mich die Dinge etwas ausführlicher erläutern lassen.

Die typische Luftdruckverteilung, die uns in Europa einen guten Sommer beschert, umfaßt den Bereich vom mittleren Atlantik bis in das europäische Rußland. Das ist ein erheblicher Teil der Nordhalbkugel und liefert auch den Grund, weshalb ich bei der Beantwortung Ihrer Frage mit dem ganzen Globus beginnen muß.

Was wir als Wetter und Klima bezeichnen, spielt sich ja in der Lufthülle ab – einer Schale aus Gasen, die als Atmosphäre unseren ganzen Planeten allseitig einhüllt. Da Gase sehr beweglich sind, folgen sie jeder Kraft, die auf sie wirkt, sofort mit einer Bewegung. Das ist der Grund, weshalb wir von dem rastlosen Luftmeer sprechen, das nie zur Ruhe kommt. Es ist also der dauernde Wechsel dieser Bewegungen, die unser Wetter verursachen. Die Kräfte, die den Luftbewegungen ihren Weg weisen, sind die Strahlen der Sonne und die dauernde Rotation der Erde um ihre eigene Achse.

So ist es den Meteorologen gelungen, die wichtigsten Grundzüge dieser Bewegungsformen zu durchschauen und das sogenannte »planetare« Windsystem zu beschreiben. Davon will ich Ihnen zunächst erzählen.

Von der Schule her kennen Sie ja noch die drei Klimazonen der Erde: die heiße tropische Zone in Äquatornähe, die gemäßigte Zone unserer Breiten und die kalte Polarzone. Da die Erde zwei Pole hat, gilt dasselbe auch für die Südhalbkugel. Da die Sonne jahraus und jahrein über der Äquatorzone mehr oder minder senkrecht steht, setzt sie dort pro Quadratkilometer Erdoberfläche den größten Betrag an Energie ab. Dort wird die Luft am meisten erhitzt, sie steigt auf bis in die Stratosphäre und kühlt sich dort bis auf mehr als 50 Grad unter Null ab. Da nun dauernd Luft von unten nachgeschoben wird, weichen die Luftmassen an der Unterfläche der Stratosphäre nach Norden und Süden aus und streben höheren Breiten zu. Da sich die Luft-

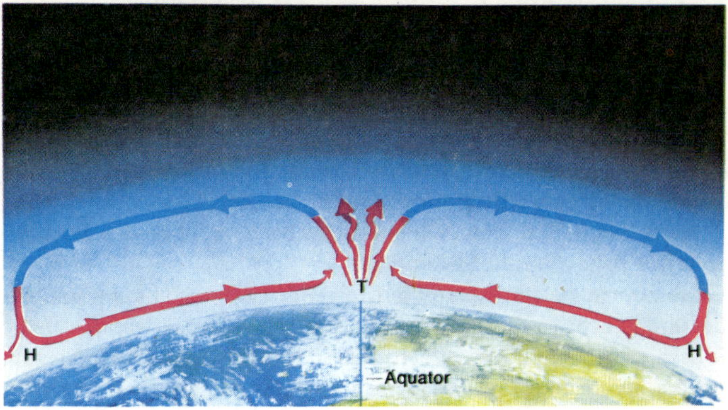

Entstehung der beiden »Luftwalzen« in der Tropenzone. Am Äquator in der Mitte steigt die am Boden erwärmte Luft auf; die sich dann weiter abkühlende Luft strömt nach Norden und Süden, sinkt in den Roßbreiten ab und strömt teilweise wieder zum Äquator zurück.

massen inzwischen sehr stark abgekühlt haben, sinken sie etwa in der Gegend von 30 Grad nördlicher und südlicher Breite wieder zum Erdboden zurück. Wenn sie den Erdboden treffen, teilen sich die Luftmassen wieder, wobei der größte Teil von Norden und Süden her wieder dem Äquator zustrebt, andere Massen jedoch in die höheren Breiten vorstoßen (siehe Abbildung oben). Den gemäßigten Zonen, in denen wir leben, wird daher fast immer in regelmäßigen Stößen Warmluft aus dem Süden zugeführt.

Was ich Ihnen hier beschrieben habe, ist ein wichtiger Teil des planetaren Windsystems, der für das Klima der betroffenen Zonen verantwortlich ist. In dem Schnittbild der obigen Abbildung sehen Sie zwei riesige, walzenförmige Luftströmungen, die vom Äquator bis zu einem Drittel des Weges zu den Polen reichen. Diese walzenförmigen Luftbewegungen sind überaus beständig, und Sie können gleich sehen, daß sie das Wetter und Klima der betroffenen Zonen sehr verläßlich bestimmen. Dabei müssen wir zunächst bedenken, daß sich die unter der senkrecht stehenden Sonne aufsteigenden Luftmassen ausdehnen müssen und dabei abkühlen. Der reichlich in der Luft vor-

handene Wasserdampf bildet dann Wolken und Regentröpfchen, so daß es in den Volltropen jeden Nachmittag, wenn diese Vorgänge richtig ins Rollen gekommen sind, starke Regengüsse gibt. Diese Regengüsse sind so verläßlich, daß die Menschen in den Tropen sich oft für die Zeit »nach dem Regen« verabreden. Dieser reichliche Regen hat dann auch zu den tropischen Urwäldern geführt, die längs des Äquators die ganze Erde umschlingen: von den Urwäldern Afrikas über die tropischen Wälder Indonesiens bis hinüber zu den Dschungeln des Amazonas in Südamerika.
Genauso wie die am Äquator aufsteigende Luft sich abkühlt und dabei ihre Feuchtigkeit so verläßlich als Regen abgibt, erwärmt sich die Luft, die etwa 30 Grad nördlich und südlich des Äquators wieder zum Boden herabsinkt. Die erwärmte Luft ist dann imstande, auch die letzten Reste von Wolken zu verdampfen und eine sehr heiße, trokkene Luft zu erzeugen. Dort haben wir dann – nördlich und südlich des Äquators – die großen Wüstengebiete der Erde. Im Norden die Sahara und Arabien, die Wüste Gobi und die Wüsten Mexikos und des westlichen Amerikas. Im Süden: die Kalahari-Wüste in Südafrika, die große australische Wüste und die Pampas von Südamerika. Diese Klimagürtel sind so auffallend, daß man die klassische Dreiteilung der Klimazonen neuerding in eine Vierteilung umgewandelt hat. Man nennt die eben beschriebenen Zonen auch »Subtropen«.
Wie die beiden beschriebenen Wüstengürtel zeigen, regnet es dort fast nie, und die Sonne scheint fast immer. Das können Sie auch an einem Foto der ganzen Erde sehen, wie sie bei den Apolloflügen vielfach gemacht worden sind (Abbildung Seite 33). Wenn Sie in den Subtropen, etwa in Kalifornien leben würden, hätten Sie mir Ihren Brief nicht zu schreiben brauchen. Dort gibt es nämlich kein verflixtes Sommerwetter. Wann immer Sie auch in den Subtropen Ferien machen, brauchen Sie sich über Mangel an Sonne nicht zu beklagen.
Nun aber zurück zu dem planetaren Windsystem, das Sie in der Abbildung Seite 31 global sehen. Lassen wir zunächst einmal die gemäßigten Zonen aus und betrachten die Polarzonen. Wegen des sehr flachen Einfalls der Sonnenstrahlen erhitzt sich die Luft dort sehr wenig, so daß es jahraus, jahrein ziemlich kalt ist. Die Luft wird dort ja dauernd verdichtet, und in mehr oder minder regelmäßigen Abständen laufen dicke Ströme dieses kalten Luftkuchens auf den Äquator zu. Dabei treffen sie zuerst auf die gemäßigte Zone.
Nun habe ich Ihnen zuvor ja schon von der zweiten Kraft erzählt, die

Eines der schönen »Apollo«-Bilder unseres blauen Planeten zeigt sehr schön die beiden, zum Äquator parallel verlaufenden Bahnen nördlich und südlich, wo die Subtropen liegen: die Wüstengebiete der Erde, die fast immer wolkenlos sind.

die Bewegungen des planetaren Windsystems steuert: die Drehung der Erde. Dies hat zur Folge, daß nördlich oder südlich gerichtete Luftströmungen – von denen bisher ausschließlich die Rede war – nach Osten oder nach Westen abgelenkt werden. Die Wirkung solcher Kräfte haben Sie bestimmt selbst schon einmal erfahren, vielleicht schon als Kind, als sie beispielsweise versucht haben, auf der Plattform eines sich drehenden Karussells nach außen oder nach innen zu laufen. Dabei wurden Sie mit großer Kraft entweder nach rechts oder nach links abgedrängt. Bei den Winden, die aus den Subtropen wieder dem Äquator zustreben, erfolgt dabei eine Ablenkung nach Westen, so daß zwischen 10 und 30 Grad nördlicher Breite auf der Nordhalbkugel dauernd ein Nordostwind weht und auf der Süd-

halbkugel ein Südostwind. Das sind die berühmten Passatwinde, und aus diesem Grund haben die Seefahrer von Spanien und Portugal bei ihren Überquerungen des Atlantik auch zuerst Mittel- und Südamerika entdeckt, da die Passatwinde sie dorthin getrieben haben.
Die warmen Luftmassen, die von Süden her nach Norden streben, werden nach Osten abgelenkt, so daß wir in unseren Gegenden bevorzugt Winde aus westlicher Richtung verzeichnen. Umgekehrt werden die kalten Luftströme der Polarkappe wieder nach Westen abgelenkt. Das ist der Grund, weshalb richtig beißende kalte Winde im Winter meist Ostwinde sind.
Jetzt können Sie auch verstehen, weshalb es die Meteorologen in den Tropen mit ihrer kurz- und auch langfristigen Wettervorhersage ziemlich leicht haben. In den Tropen regnet es jeden Nachmittag, und in den Subtropen scheint eigentlich immer die Sonne. Ich habe fast zehn Jahre in Kalifornien gelebt, und mit Ausnahme von ein paar Wochen um Weihnachten herum, während der dortigen Regenzeit, ist der kalifornische Wetterbericht total langweilig – praktisch jeden Tag dasselbe.
Nun habe ich Ihnen ja erklärt, daß die gemäßigte Zone im großen und ganzen das Zielgebiet warmer Luftmassen aus dem Süden und kalter Luftmassen aus dem Norden ist. Dort treffen dann diese völlig unterschiedlichen Luftmassen aufeinander und erzeugen bei uns das, was wir unser so sehr veränderliches Wetter nennen. Diese Massen wirbeln dabei so ungeordnet durcheinander, daß unsere Meteorologen es gerade bei uns so schwer haben, das Wetter vorauszusagen.
An dieser Stelle muß ich Ihnen erläutern, was grundsätzlich geschieht, wenn warme und kalte Luftmassen aufeinandertreffen. Dort entwickelt sich dann ein richtiges atmosphärisches Schlachtfeld, und das ist auch der Grund, weshalb Meteorologen so militärische Ausdrücke, wie Warm- und Kaltfronten, verwenden. Diese Luftmassen vermischen sich dann, wobei sich die schwereren, kalten Luftmassen unter die leichteren, warmen Luftmassen schieben und diese in die Höhe wuchten. Da die warmen Luftmassen zumeist ziemlich feucht sind, werden sie bei der folgenden Abkühlung Wolken bilden und abregnen. Obwohl Ihnen das alles als ein ziemlicher Wirrwarr erscheinen muß, ist es den Meteorologen dennoch gelungen, eine gewisse Ordnung darin zu erkennen. Es bilden sich nämlich im Gefolge dieser Mischungen – und daran ist auch wieder die Drehung der Erde um ihre Achse schuld – große Wirbelsysteme, in denen sich die Luft über

Flächen von Tausenden von Kilometern Durchmesser im Kreis dreht. Einige dieser Luftmassen drehen sich im Uhrzeigersinn, andere entgegen dem Uhrzeigersinn. Das sind die berühmten Hoch- und Tiefdruckgebiete, die Sie ja von der Wetterkarte her kennen.

Nun will ich mit der Beantwortung Ihres Briefes ja kein Lehrbuch der Wetterkunde schreiben, und ich muß mich daher kurz fassen. Es genügt der Hinweis, daß in den linksdrehenden Wirbeln (entgegen dem Uhrzeigersinn) der Luftdruck niedriger ist als normal. Das sind die Tiefdruckgebiete. In den rechtsdrehenden Wirbeln ist der Luftdruck höher als normal. Das sind dann die Hochdruckgebiete. Dabei müssen Sie sich vorstellen, daß ein Tiefdruckgebiet in der Atmosphäre wie ein Trichter aussieht, also in der Mitte eine Vertiefung hat. Dort »fehlt« also Luft. Ein Hochdruckgebiet gleicht einem Berg mit einer Erhebung in der Mitte – dort ist also zu viel Luft. Ist dies der Fall, versucht die Atmosphäre natürlich, ihr Gleichgewicht wieder zu stabilisieren, und das würde am schnellsten geschehen, wenn die überflüssige Luft in dem Hochdruckgebiet einfach in den Trichter des Tiefdruckgebiets hineinflösse und die beiden sich wieder gegenseitig ausgleichen würden. So etwas kann leider nicht passieren, da dies die Erddrehung verhindert.

Grundsätzlich ist es jedoch so, daß bei einem Tiefdruckgebiet die Luft entlastet wird und sich dabei ausdehnt. Mit der damit verbundenen Abkühlung der Luft bis in größere Höhen entstehen daher Wolken und Regen. Bei Hochdruckgebieten ist es gerade umgekehrt. Diese bilden sich, wenn die Luft die Tendenz hat, sich aufzuhäufen, wobei sie zusammengedrückt wird. Diesen Vorgang registriert ja auch Ihr Barometer. Mit dem Zusammendrücken der Luft ist jedoch Erwärmung und Verdunstung der Wassertröpfchen in den Wolken verbunden. Jetzt verstehen Sie auch, weshalb wir die Tiefdruckgebiete mit schlechtem Wetter und die Hochdruckgebiete mit gutem Wetter verbinden.

Die linksdrehenden Wirbel der Tiefdruckgebiete zeigen deutlich die Fronten der warmen und kalten Luft, denen sie ihre Entstehung verdanken. Diese Fronten unterschiedlich warmer Luft reichen wie Kometenschwänze oder wie ein Komma über weite Bereiche von ihrem Zentrum zuerst nach Osten, dann nach Süden und schließlich nach Westen. Das sind die berühmten Tiefdruckausläufer, von denen der Wettermann beim Fernsehen immer redet. Wenn solche Tiefdruckausläufer über uns hinwegstreichen, bringen sie uns Wolken,

Regen und Abkühlung. Ein sehr schönes Wettersatellitenbild eines Tiefdruckgebietes mit einem gewaltigen Tiefdruckausläufer, der von Schottland bis nach Marokko reicht, sehen Sie auf dem Foto rechts.

Die Erddrehung bewirkt auch, daß die Tiefdruckgebiete normalerweise von Westen nach Osten ziehen. Da sie auf unserer Wetterkarte meist zuerst im mittleren Nordatlantik auftauchen, hören wir im Fernsehen so viel von den »Islandtiefs«. Es ist nämlich auch eine Eigenschaft des planetaren Windsystems, daß die Luftmassen über den gemäßigten Gebieten im wesentlichen eine Großströmung von Westen nach Osten zeigen.

Als ich Ihnen vorher das planetare Windsystem in seiner einfachsten Form beschrieb, tat ich dies unter der Voraussetzung, daß die Sonne über dem Äquator senkrecht steht. Das ist freilich nur im März und im September exakt der Fall. Wenn dann der Sommer naht, wandert die Zone, über der die Sonne senkrecht steht, um mehr als 20 Grad nach Norden. Sie können sich bestimmt gut vorstellen, daß die Sonne dabei die Bewegungsvorgänge während unserer Sommerzeit mit nach Norden schleppt und so die Tropenzone nach Norden verschiebt; die Subtropenzone tut das ebenfalls, und das Schlachtfeld der Luftmassen der gemäßigten Zone wandert ebenfalls weiter nach Norden. Dieser Vorgang bewirkt dann die Regenzeit in Indien und die Überschwemmung des Nils in Ägypten. Gleichzeitig beschert die nach Norden gewanderte Subtropenzone den Mittelmeerländern, wie Spanien, Italien und Griechenland, ihren meist sehr schönen Sommer. Wenn Sie also wirklich Sonnenferien haben wollen, dann kann ich Ihnen Kreta, Rhodos, Sizilien oder Tunesien als recht verläßlich empfehlen. Die verläßliche Hochdruckzone der Subtropen liegt nämlich dann dort.

Und jetzt komme ich endlich dazu, Ihnen zu erläutern, weshalb das Sommerwetter bei uns so verflixt ist. Gleichzeitig mit dem herannahenden Sommer bildet sich nämlich über dem riesigen asiatischen

Tiefdruckgebiet mit Zentrum nördlich von Schottland, aufgenommen aus einer Höhe von 1400 Kilometer durch den Wettersatellit ESSA 8 am 10. September 1970. Ein gewaltiger Ausläufer, gekennzeichnet durch dichte Wolkenbildung, reicht bis Madeira.

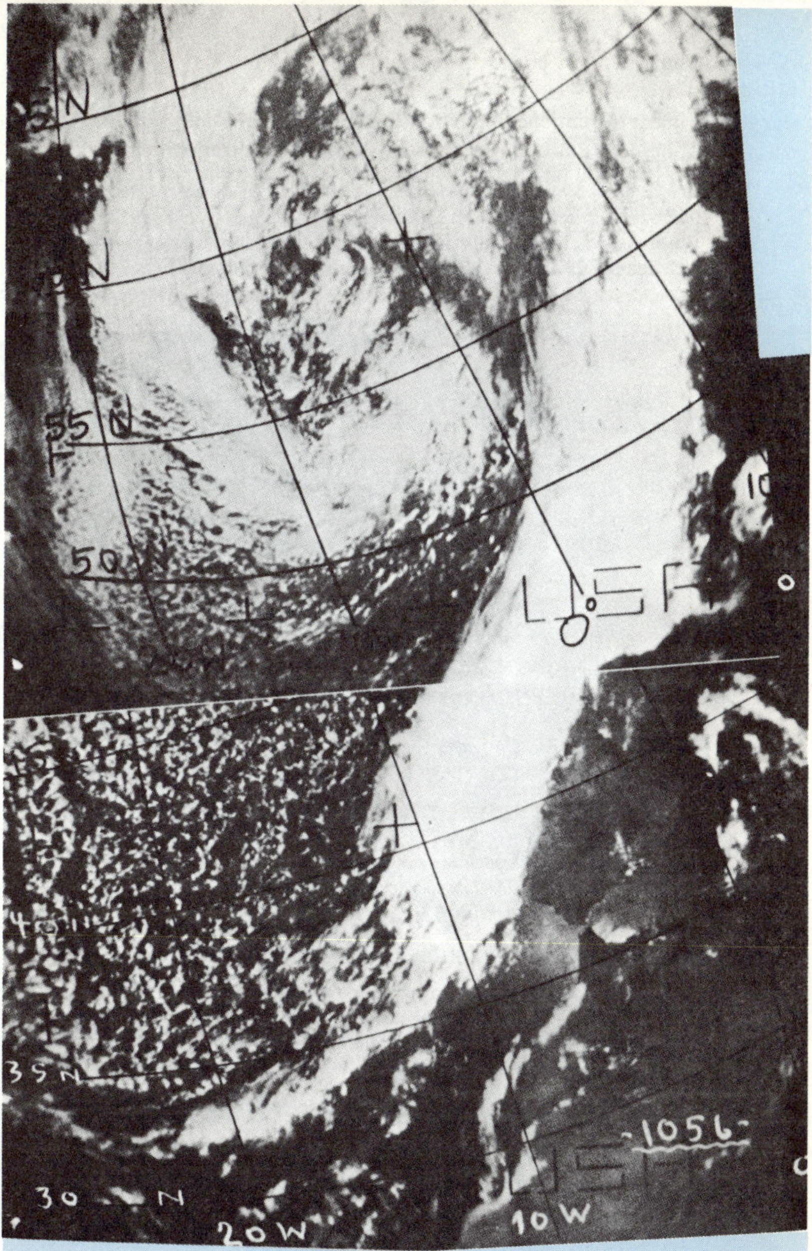

55 N
50
40
35 N
30 N
20 W
10 W
10
0
-1056-

Festland ebenfalls eine recht verläßliche Hochdruckzone, die praktisch in jedem Sommer vor allem in Osteuropa auftritt. Das ist die Zeit, in der die unbefestigten Straßen Rußlands im Staub versinken. Diese beiden, um mehrere tausend Kilometer getrennten, verläßlichen Hochdruckgebiete des Frühsommers bilden nun eine jener Formen, die die Umschaltung des Winter- auf das Sommerwetter kennzeichnen. Es hängt nun alles davon ab, ob diese beiden Hochdruckgebiete sich vielleicht mit einer Hochdruckbrücke vom

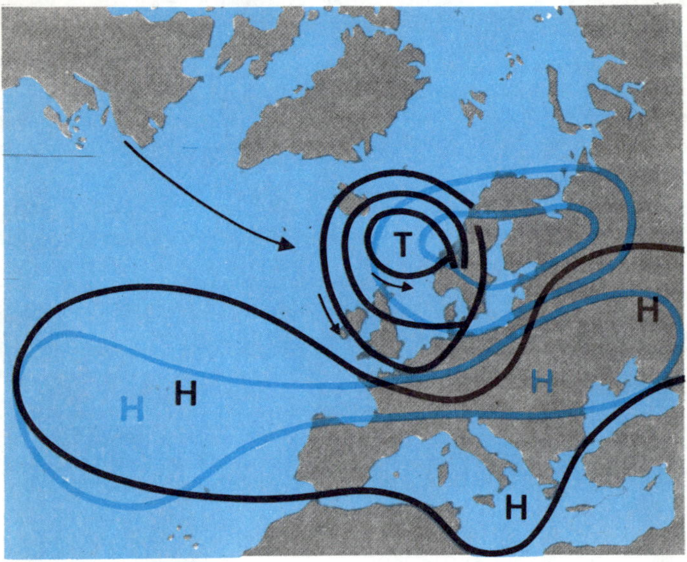

Typische Luftdruckverteilung für einen europäischen Sommer: 27. Juni 1977. Der Hochdruckrücken, der sich zwischen den Azoren und Westrußland ausgebildet hat, wird von einem Tiefdruckgebiet angenagt.

Seite 39: Beim Mechanismus einer Gewitterwolke wird feuchte warme Luft so lange heftig hochgerissen, bis die freiwerdende Kondensationswärme keine Energie mehr liefert. Mechanische Trennung luftelektrischer Ladungen erzeugt Blitze zwischen Wolkenniveaus und dem Erdboden.

mittleren Atlantik quer über Europa hinweg bis nach Rußland verbinden. Die Entscheidung, ob sich eine solche Brücke mehr oder minder stark ausgeprägt bildet, fällt etwa um den 27. Juni (den Sibenschläfertag) herum.

Nun müssen Sie sich ein Hochdruckgebiet wie einen Berg und einen Hochdruckrücken wie ein langgestrecktes Gebirge in der Luft vorstellen. Die Tiefdruckgebiete, die von Island und Schottland her in Richtung Mitteleuropa strömen, müssen dabei wie Kugeln den Abhang eines solchen Rückens hinaufrollen. Wenn der Rücken hoch genug ist und die Wucht und Größe der Tiefdruckgebiete nicht ausreicht, können sie diesen Berg nicht durchbrechen und rollen wieder nach Nordwesten in Richtung Nordkap und Finnland zurück (siehe Abbildung Seite 38). In guten Sommern ist dieser Wall des Hochdruckrückens zwischen den Azoren und Westrußland so stark und verläßlich, daß im Juli und August die Tiefdruckgebiete vergebens dagegen »anrennen«. Inzwischen verdichtet sich die Luft in dem Hochdruckrücken in Europa immer mehr, täglich strahlt die hochstehende Sonne ein, und wir haben lange Wochen großer Hitze. Das sind die berühmten »Hundstage«. Nur gelegentlich wird sie durch örtliche Gewitter unterbrochen.

In anderen Sommern jedoch bildet sich dieser Hochdruckrücken nur zögernd; wenn dann noch in schneller Folge besonders schwere Tiefdruckgebiete dagegen anrennen, wird er dauernd durchbrochen und kann sich von diesen Angriffen oft wochenlang nicht erholen und schließlich überhaupt nicht so richtig ausbilden. Dann fegen die Tiefdruckausläufer in schneller Folge über Europa hinweg, mit der Linksdrehung wird auf der Rückseite der Tiefdruckgebiete kalte Luft aus der nördlichen Nordsee nach Europa gepumpt, und wir haben einen kühlen, regenreichen und sonnenarmen Sommer.

Da ich mich mit diesen Vorgängen in etwa vertraut gemacht habe, konnte ich es wagen, im privaten Kreis meinen Freunden bereits Anfang Juli des Jahres 1977 – also kurz nach dem Siebenschläfertag – keine großen Hoffnungen für sonnenreiche Ferien zu machen. Etwa Mitte Juli hatte sich der Hochdruckrücken zaghaft gebildet; er brach aber dann Ende Juli unter dem schnell folgenden Einbruch dreier großer Tiefdruckgebiete völlig zusammen. Flutkatastrophen in Südfrankreich, der Schweiz und Österreich sowie in Bayern waren die Folge, und die armen Feriengäste an der Nord- und Ostsee haben geflucht. Das verflixte Sommerwetter hat ihnen die Ferien verdorben.

Das Sommerwetter des Jahres 1978 schließlich war ganz besonders verflixt. In diesem Jahr hat auch die schöne Siebenschläferregel völlig versagt. Der für das Sommerwetter entscheidende Hochdruckrücken zwischen den Azoren und dem westlichen Rußland hat sich nämlich bereits in der ersten Juniwoche ganz schön ausgebildet. Das ist der Grund, weshalb wir in Mitteleuropa bereits Anfang Juni heißes Sommerwetter gehabt haben. So waren die heißen »Hundstage«, mit denen eigentlich erst Ende Juli gerechnet wird, bereits vorweggenommen. Das »dicke Ende« kam denn auch nach.
Der Hochdruckrücken war jahreszeitlich noch zu unreif; nachfolgende Tiefdruckgebiete haben ihn dann in der zweiten Junihälfte wieder zusammengeschlagen. Erst in der letzten Julidekade hatte sich der Hochdruckrücken wieder ein wenig erholt. Dann aber – Anfang August – traten die Tiefdruckgebiete aus Richtung Island und Schottland wieder zum Angriff an. Sie haben sich bis ins südliche England vorgedrängt; zwei-, dreimal hintereinander saßen diese Tiefdruckgebiete wie riesige Furunkel an der Nordwestkante unseres schützenden Hochdruckrückens und zernagten ihn langsam bis zu den Alpen herunter.
Ich denke, daß Sie jetzt verstehen, weshalb ich Ihnen für Ihren Ferienort im nächsten Jahr keinen Rat geben kann und will. Bis zum nächsten Juni kann kein Meteorologe voraussagen, ob sich um den Siebenschläfertag herum diese für das Sommerwetter so kritische Hochdruckbrücke zwischen den Azoren und dem europäischen Rußland aufbauen wird oder nicht. So etwas können nur die berühmten Wetterpropheten – oder so glauben sie wenigstens – voraussagen.
Es tut mir wirklich leid, daß ich den Wunsch, den Sie in Ihrem Brief geäußert haben, nicht erfüllen kann. Vielleicht gelingt es unseren Wetter- und Klimaforschern im Lauf der nächsten Jahrzehnte, so tief in die Geheimnisse unseres rastlosen Luftmeeres einzudringen und die Gründe, weshalb dieser Hochdruckrücken vielfach auftritt und oft aber auch ausbleibt, herauszufinden. Erst dann können Sie einen echten Ferienwetterkalender, vielleicht schon im März oder April, in der Zeitung lesen oder vor dem Fernsehschirm erfahren.
Ich hoffe, Ihnen in diesem Brief keine zu enttäuschende Antwort gegeben zu haben, und verbleibe mit besten Grüßen

Ihr
Heinz Haber

3

Sehr geehrter Herr Professor Haber!

Mich beschäftigt seit einiger Zeit die Frage des Vogel- beziehungsweise des Menschenflugs, zumal in letzter Zeit gerade das Drachenfliegen ein ganz großer Sport geworden ist. Wassersportler lassen sich von Motorbooten durch die Luft schleppen, wobei sie an einem riesigen Drachen hängen. Neulich habe ich gelesen, daß ein Skispringer von der Zugspitze aus mit einem Drachen, den er sich auf den Rüken geschnallt hat, in das Tal hinuntergeflogen und mit seinen Skiern glücklich gelandet ist. Aber auch ohne Skier und Motorboote wird heute doch schon viel mit Drachen geflogen. Mit einer solchen Konstruktion hat auch schon der deutsche Flugpionier Otto Lilienthal vor beinahe hundert Jahren seine ersten Flüge gemacht. Aber auch dieser Sport ist eigentlich nur eine Abart des Segelns und meiner Meinung nach immer noch weit entfernt vom echten Vogelflug. Es sind immerhin schon so viele Erfindungen gemacht worden – ist es da nicht denkbar, daß ein paar Flügel erfunden werden, die man sich nur anzuschnallen braucht, um damit wie ein Vogel losfliegen zu können?
Da mich diese Frage intensiv beschäftigt, würde ich mich über eine Antwort von Ihnen sehr freuen, zumal ich auch ein aufmerksamer Zuschauer Ihrer Fernsehsendungen und Leser Ihrer Bücher bin. Mit herzlichem Dank für Ihre Mühe und mit besten Grüßen

Ihr

Conrad C.

Warum können wir nicht wie Vögel fliegen?

Sehr geehrter Herr C.!

Die Antwort auf Ihren Brief, für den ich Ihnen sehr danke, kann ich Ihnen in einem Satz geben: Wir Menschen können nicht wie die Vögel fliegen, weil wir zu groß sind. Nun haben Sie über den Menschenflug bestimmt schon ausführlich nachgedacht, so daß Sie sich mit dieser einfachen Antwort nicht zufrieden geben werden. Das kann ich verstehen. Dazu allerdings muß ich etwas ausholen.
Vielleicht haben Sie schon einmal gehört, daß die königlich britische Wissenschaftsakademie schon vor längerer Zeit einen attraktiven Preis ausgesetzt hat für einen Erfinder, der imstande wäre, aus eigener Kraft echt zu fliegen. Dazu müßte er sich bei völliger Windstille von einer ebenen Fläche aus vom Boden erheben und ohne Bodenberührung – und ohne Hilfsmittel vom Boden aus – eine gerade Strecke von einer Meile Länge fliegend zurücklegen. Bis heute ist dieser Preis noch nicht abgeholt worden, und die ausschreibende Gesellschaft wird ihn wohl auch nie bezahlen müssen. Die genannten Bedingungen sind nämlich unerfüllbar – das Ziel ist unerreichbar auf Grund der uns heute bekannten Naturgesetze.
Diese Gesetze sind mathematischer Natur. Sie stammen aber auch aus der Physik und aus der Biologie. Beim Größenvergleich zwischen verschiedenen Lebewesen genügt es nämlich überhaupt nicht, wenn man lediglich ihre linearen Abmessungen angibt. So kann man zum Beispiel sagen, daß ein Elefant hundertmal so groß ist wie eine Maus, weil nämlich etwa hundert Mäuse sich hintereinander aufreihen müssen, um die Länge eines Elefanten, vom Rüssel bis zur Schwanzspitze, abzumessen. Das Größenverhältnis 1:100 bezeichnet dabei nur die Länge der beiden Tiere, wie der Mathematiker sagt – es handelt sich

Der Mensch segelt nur mit seinem Drachen – damit zu fliegen vermag er nicht.

um ein lineares Größenverhältnis. Daß diese Angabe über die Größenverhältnisse von Maus und Elefant den großen Unterschied zwischen diesen beiden Tieren überhaupt nicht ausreichend beschreibt, können Sie daran erkennen, daß ein Elefant bestimmt schwerer ist als hundert Mäuse. Für diese Verhältnisse gibt es nun ein ganz einfaches mathematisches Gesetz, wobei wir das folgende Beispiel zur Erläuterung dieses Gesetzes mathematisch sehr vereinfachen wollen. Nehmen Sie einmal einen Würfel mit einer Kantenlänge von einem Zentimeter. Dieser Würfel hat dann eine Oberfläche von sechs Quadratzentimeter und einen Inhalt von einem Kubikzentimeter. Wenn Sie den Würfel mit Wasser füllen, wiegt er genau ein Gramm. Nun nehmen wir einen Würfel, der doppelt so groß ist; dann werden Sie natürlich sofort fragen – was heißt doppelt so groß? Soll seine Kantenlänge doppelt so groß sein, soll seine Oberfläche doppelt so groß sein, oder soll er doppelt soviel wiegen? Der Einfachheit halber wollen wir einmal sagen, daß die Kantenlänge doppelt so groß sein soll. Das Verhältnis der beiden Würfel in ihren linearen Dimensionen soll daher 1:2 sein. Dann gilt ein einfaches Gesetz, um zu berechnen, wie dann die Oberfläche und der Rauminhalt oder (was hier dasselbe sein soll) das Gewicht des größeren Würfels entsprechend angewachsen sind.

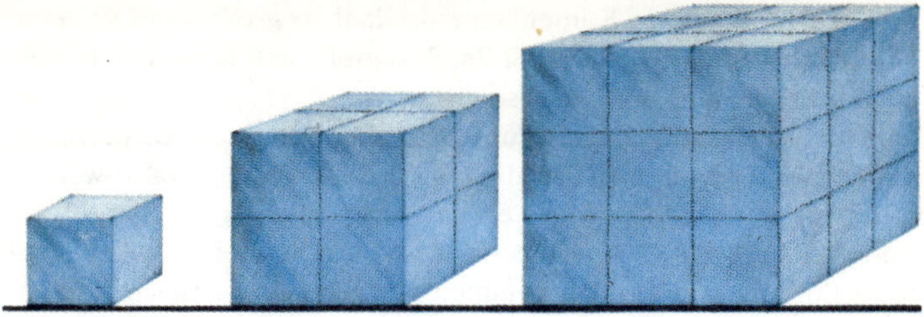

Drei Würfelpakte zeigen uns die Verhältnisse der Flächen und Räume bei Verdoppelung und Verdreifachung der linearen Dimensionen des ursprünglichen Würfels. Die Fläche wird 4- beziehungsweise 9mal so groß, während sich das Volumen um das 8- und um das 27fache erhöht.

Dieses Größenverhältnis von 1:2 – das heißt eigentlich die Zahl 2 – muß ich quadrieren, wenn ich die Oberfläche des größeren Würfels ausrechnen will. Das heißt, die Oberfläche des größeren Würfels ist viermal so groß, nämlich $2 \times 2 = 2^2 = 4$. Seine Oberfläche muß demnach aus 24 kleineren Quadraten bestehen, von denen der kleine Würfel je sechs hat. Das brauche ich Ihnen gar nicht hinzumalen, das können Sie sich auch vorstellen. Auf jede der sechs Oberflächen des größeren Würfels nämlich passen je vier der kleineren Quadrate des kleinen Würfels.

Um den Rauminhalt des größeren Würfels zu berechnen, müssen wir die Verhältniszahl zwei zum Kubus erheben (da wir ja zur Zeit mit Würfeln spielen, verstehen Sie auch, warum die Mathematiker in einem solchen Fall von »Kubieren« sprechen). Der Rauminhalt des größeren Würfels ist demnach 2^3 oder: $2 \times 2 \times 2 = 8$. Der größere Würfel hat also einen achtmal so großen Rauminhalt wie der kleine, und wenn man ihn mit Wasser füllt, wiegt er 8 Gramm. Auch das können Sie sich sofort vorstellen: denn Sie brauchen acht Würfel, um einen linear doppelt so großen Würfel herzustellen, nämlich zwei Pakete zu je vier Würfeln.

Nun ist ja bekannt, daß beim Quadrieren oder beim Kubieren von Zahlen sehr schnell ziemlich große Zahlen auftauchen. Machen wir

den Würfel in seiner Kantenlänge dreimal so groß, dann ist seine Oberfläche schon 3^2, das heißt 9mal so groß; sein Rauminhalt oder auch sein Gewicht 3^3, 27mal so groß.
Was für Würfel gilt, gilt auch für jede andere Serie von Körpern verschiedener Größe, wobei allerdings in etwa die Form gewahrt werden soll. Nun hat zwar eine Maus eine andere Form als ein Elefant; sie sind aber nicht so sehr verschieden, als daß das mathematische Gesetz nicht doch ziemlich genau stimmen würde. Wenn also ein Elefant 100mal länger ist als eine Maus, dann hat er eine Oberfläche, die 100^2, das heißt 10000mal größer ist. Das Gewicht des Elefanten dagegen ist 100^3, das heißt eine Million mal größer. Das stimmt auch in etwa. Eine kleine Maus wiegt etwa zwei bis vier Gramm und ein Elefant etwa eine Million mal so viel, nämlich zwei bis vier Tonnen. Dieses Gesetz müssen Sie im Auge behalten, wenn ich jetzt daran gehe, Ihnen etwas über die Flugfähigkeit von Tieren verschiedener Größe zu erzählen.
Auch als die Menschen noch nicht so naturwissenschaftlich dachten, hatten sie immer den Wunsch, es den Vögeln gleichzutun. Für uns erdgebundene Wesen ist es aber auch eine zauberhafte und überaus beneidenswerte Eigenschaft, die die Vögel besitzen. Welches Kind hat nicht immer schon den Wunsch gehabt, fliegen zu können, und jeder Mensch hat bestimmt auch schon oft Träume gehabt, in denen er fliegen kann. So gibt es aus den Anfängen der menschlichen Kultur, schon vor 5 000 bis 8 000 Jahren, Darstellungen von Menschen mit Flügeln, die diese beneidenswerte Fähigkeit des Fliegens offenbar besitzen. Die altgriechische Sage von Dädalus und Ikarus ist dafür nur ein Beispiel. Mit seiner Erfindung hat Dädalus, der geniale Erbauer des Labyrinths auf Kreta, sich aus diesem Gefängnis befreit; er baute sich und seinem Sohn Ikarus gewaltige Flügelpaare, die er aus Adlerfedern zusammensetzte und an den Armen befestigt hatte. Nun, das ging nicht. Er konnte ebensowenig damit fliegen wie der Schneider von Ulm und wie der heute noch unbekannte Erfinder, auf den der Preis der königlichen Akademie der Wissenschaften in London wartet.
Jetzt aber zurück zu den physikalischen Gesetzen des Fliegens, das heißt der Bewegung in der Luft. Dafür gelten bestimmte Naturgesetze, die die Kräfte strömender Luft beschreiben – die sogenannten aerodynamischen Gesetze. Diese sind in ihren Details sehr kompliziert und bilden eine ziemlich schwierige Wissenschaft. Für das, was

ich Ihnen im folgenden erläutern möchte, genügen jedoch zwei dieser Gesetze. Beide haben mit der Größe des Flugkörpers – sei es nun ein Vogel oder ein Jumbo-Jet – zu tun. Das erste Gesetz betrifft die linearen Dimensionen des Flugkörpers. Dieses Gesetz sagt aus, daß ein Flugkörper, um sich in der Luft halten zu können, um so schneller fliegen muß, je größer seine Spannweite ist. Das können wir schon daran sehen, daß eine Wildente schneller fliegt als ein Sperling. Und am schnellsten fliegt der Jumbo-Jet. Wenn ein Flugkörper seine Fluggeschwindigkeit verringert, läßt nämlich der Auftrieb, der ihn in der Luft hält, stetig nach. So gibt es für jeden Flugkörper eine bestimmte Minimalgeschwindigkeit, die er haben muß, um nicht herunterzufallen. Deshalb ist ja die Landung eines Jumbo-Jets immer ein größeres Unternehmen, da er nämlich bis zur Berührung der Landebahn noch ziemlich schnell fliegen muß – weit über hundert Stundenkilometer. Diese hohe Geschwindigkeit muß er dann im Rollen auf Null bringen, und deshalb braucht er eine solch große Landebahn.
Ebenso erfolgt die Landung einer Ente auf einem See mit relativ hoher Geschwindigkeit, die die Ente, mit ausgespreizten Beinen auf der Wasseroberfläche gleitend, abstoppen muß. Freilich kann ein Vogel vor der Landung in den Flatter- oder Rüttelflug übergehen, wobei er mit großer Kraftanstrengung die Flügel mit erheblicher Geschwindigkeit auf- und abbewegt, was allerdings für den Vogel einen ziemlichen Aufwand bedeutet. Und dieser Aufwand wird nun immer größer, je größer der Vogel selber ist.
Auch hat ein großer Vogel erheblich mehr Startschwierigkeiten als ein kleiner. Er muß nämlich, bis er sich vom Boden abheben kann, eine ziemliche Geschwindigkeit aufbauen, die um so größer sein muß, je größer der Vogel ist. So können wir sehen, daß ein Spatz ohne Schwierigkeiten binnen einer halben Sekunde in der Luft ist und weiterfliegen kann. Bei einer Taube, die vom Erdboden hochfliegt, geht das schon mit mehr Mühe vor sich. Mit einer sehr anstrengenden Flatterbewegung und klatschenden Flügeln erhebt sie sich mehr oder minder mühsam, und es dauert auch länger, bis sie sicher fliegt. Wenn ein Schwan von einem See startet, ist das schon eine größere Operation. Der Schwan ist ja einer unserer größten flugfähigen Vögel, und für ihn ist ein Start schon ein erheblicher Entschluß. Er startet dann am liebsten gegen den Wind, fängt mit den Flügeln an zu schlagen und tritt mit seinen Füßen, die mit breiten Schwimmhäuten versehen sind, in hohem Tempo durch das Wasser, um alles an Beschleunigung her-

auszuholen, was in ihm steckt. Die Startlänge, bis er sich endlich von der Wasseroberfläche erhebt, kann bei einem ausgewachsenen Schwan bis über hundert Meter betragen.
Daß Start und Landung für kleine Vögel kein so großer Aufwand ist, kann man auch an ihrem Verhalten am Boden sehr schön ablesen. Wenn Sperlinge etwa auf dem Bauernhof herumhüpfen, legen sie Strecken von einem Meter oder auch darüber gern im Hüpfen zurück. Wenn sie aber ein Ziel erreichen wollen, das zwei oder mehrere Meter entfernt ist, dann lohnt es sich für sie schon zu fliegen. Eine Amsel oder flugfähige Hühner, wie die Rebhühner, sind größer als Spatzen, und deshalb ist für sie ein Start zum Flug entsprechend mühsamer. Um Entfernungen am Boden zurückzulegen, laufen sie lieber fünf oder zwanzig Meter, bevor sie fliegen. Für einen Schwan dagegen ist ein Start ein so mühsames Unternehmen, daß er eigentlich nur dann fliegt, wenn er die Absicht hat, wenigstens ein paar Kilometer zurückzulegen. Sonst schwimmt oder läuft er lieber.
Dasselbe gilt sogar für den Menschen im Flugzeug. Ich erinnere mich: Während des Krieges bin ich öfter in dem berühmten Fieseler Storch geflogen, einem leichten Flugzeug mit extrem geringer Landegeschwindigkeit und entsprechend kurzer Startbahn. Bei der Landung auf einem großen Flughafen war es oft zu mühsam, die 500 Meter bis zum Parkplatz holpernd zu rollen; deshalb wurden die 300 von den 500 Meter häufig geflogen.
Jetzt zu dem zweiten Gesetz, das größeren Vögeln das Fliegen immer relativ schwer macht. Man könnte glauben, daß ein Vogel, der zehnmal so schwer ist wie ein anderer Vogel, zum Fliegen auch die zehnfache Kraft benötigt. In Wirklichkeit braucht er zwanzigmal so viel Kraft.
Betrachten wir einmal einen Sperling und einen Adler, bei denen etwa folgende Verhältnisse gegeben sind. Der Länge nach ist ein Adler etwa zehnmal so groß wie ein Sperling. Nach dem Gesetz der Größenverhältnisse ist er dann tausendmal so schwer. Obwohl es nicht ganz stimmt, ist seine Muskelmasse dann etwa auch tausendmal so groß wie bei einem Sperling. Wir können daher sagen, daß ein Adler auch die tausendfache Kraft für seine Fluganstrengungen zur Verfügung hat. Er braucht aber doppelt so viel, nämlich die zweitausendfache Kraft. Das ist der Grund, weshalb das Fliegen für einen Sperling kein großes Kunststück ist, während ein Adler sich dazu ziemlich anstrengen muß. Da Vögel genauso wie wir Menschen von Natur aus

faul sind, hat ein Adler längst gelernt, nicht dauernd aus eigener Muskelkraft zu fliegen. Wenn ein Adler oder Geier stundenlang in der Luft kreist, dann segelt er und läßt sich – ohne mit den Flügeln zu schlagen – von warmen aufsteigenden Luftströmungen oder von den Aufwinden an Gebirgshängen hochtreiben. Wenn ein Spatz fliegen will, muß er dauernd mit den Flügeln schlagen; er kann nämlich nicht gut segeln. Das braucht er auch nicht zu lernen – weil er so klein und relativ kräftig ist, kann er sich den Flatterflug leisten.

Als Naturwissenschaftler kann man natürlich jetzt diese Verhältnisse der Flugfähigkeit in der Abhängigkeit von der Größe eines Vogels in Kurvenform aufzeichnen. Dabei stellt sich heraus, daß von einer bestimmten Größe und von einem bestimmten Gewicht an die für das Fliegen erforderliche Muskelkraft in einem tierischen Körper nicht mehr untergebracht werden kann. Die größten gerade noch flugfähigen Vögel sind die Trappen, die Kondore, die Albatrosse und die Schwäne. Sie besitzen eine gewaltige Brustmuskulatur, mit der sie eine sehr große Kraft aufbringen können. Es ist nun kein Zufall, daß die Größengrenze für flugfähige Tiere bei diesen größten Vögeln liegt. Allerdings hat die Natur in ihrem Entwicklungsdrang noch größere Vögel gebaut, nämlich die Strauße und die Emus. Diese können jedoch nicht mehr fliegen, da sie mit ihrer Körpergröße jenseits der kritischen Grenze liegen. Dafür können sie besonders gut laufen, und ihre größte Muskelkraft liegt in den Oberschenkeln. Die Flügel sind verkümmert und dienen nur noch zum Balancieren beim Schnellauf. Auch die Federn brauchen nicht mehr so steif zu sein wie bei einer Adlerschwinge. Deshalb sind die berühmten Straußenfedern ja auch so seidenweich.

Würden die Naturgesetze hier keine Schranke aufgerichtet haben, dann gäbe es nämlich auch fliegende Elefanten oder auch fliegende Menschen. Wir nämlich liegen mit unserer Körpergröße unerbittlich jenseits dieser kritischen Grenze. Selbst wenn es Menschen mit Flügeln gäbe, könnten sie nicht so aussehen wie ein Engel, dessen Körperbau außer den Flügeln sich naiverweise von uns gar nicht unterscheidet. Ein Engel, der wirklich fliegen könnte, müßte ein Brustbein haben, das fast einen Meter herausragt, um Ansatzflächen für ein riesiges Brustmuskelpaket zu liefern, damit er diese riesigen Flügel überhaupt bewegen könnte. Und selbst dann würde es nur dazu ausreichen, unter gewaltigem Flügelrauschen ein paar hohe Luftsprünge zu machen.

Die alten allegorischen Figuren der Engel sind biologisch unmöglich; sie müßten als Wesen mit einer Wirbelsäule sechs statt vier Gliedmaßen haben; so etwas gibt es nicht. Außerdem ließen sich bei dieser naiven Vorstellung die Muskelpakete für die Bewegung der Flügel im sonst unveränderten Menschenkörper nicht unterbringen.

Nun ist immer wieder versucht worden, einen Flugapparat zu bauen, dessen Propeller mit Muskelkraft betrieben werden. Dabei sollte vorzugsweise ein Tretrad benutzt werden, wie bei einem Fahrrad, da unsere mit Abstand kräftigsten Muskeln in den Beinen liegen. Ein zweites Kurbelrad sollte dann noch mit den Händen angetrieben werden, um auch noch die Armkraft voll zu nutzen. So etwas ist versucht worden und hat teilweise funktioniert. – Wir können auch ohne Motor in einem Drachen fliegen, von der Zugspitze herabgleiten oder in entsprechend hügeligem Gelände im Wind segeln. Auch können wir – die Großvögel wie die Kondore nachahmend – mit Segelflug-

zeugen in den Aufwindschläuchen unserer Atmosphäre stundenlang herumgleiten. Nur starten können wir nicht. Dazu sind wir im Verhältnis zu unserer Körperkraft zu schwer.
Ein kleineres kräftigeres Tierchen, wie etwa ein kleiner Affe oder ein Eichhörnchen, könnte mit einer solchen Tretmaschine fliegen. Diese könnte dann kleiner und leichter gebaut werden, und die bei der Kleinheit des Tieres erstaunlich große Muskelkraft würde zum Fliegen schon ausreichen. Allerdings würde ein Eichhörnchen, wenn man es in eine solche Maschine hineinsetzte und einmal unterstellt, es reagierte menschlich, sich vermutlich sagen: Was soll's? – Da gehe ich lieber zu Fuß. Andererseits gibt es ja Flugsäugetiere, wie die Fledermäuse, und die größten ihrer Art, die fliegenden Hunde. Auch hier hat die Natur bei einer bestimmten Größe Halt gemacht, denn diese größten Flattertiere haben mit dem Start ziemliche Schwierigkeiten. Deshalb hängen sie sich zur Ruhe auch auf den Ästen hoher Bäume auf, und beim Start lassen sie sich einfach herabfallen. Ein fliegender Hund kann vom Boden aus nicht starten.
Die größten fliegenden Tiere überhaupt hat es im Mittelalter der Erdgeschichte gegeben – vor etwa 150 Millionen Jahren. Es waren dies die berühmten Flugsaurier mit einer Spannweite von mehr als acht Meter. Diese Tiere waren allerdings so leicht gebaut wie ein Papierdrachen, mit dünnen Röhrenknochen und leichten Flughäuten. Zum Starten ließen sie sich von Steilküsten herabfallen, sie konnten auch nur bei relativer Windstille überhaupt fliegen. Spätestens bei Windstärke 5 mußten sie den »Flugbetrieb« einstellen. Diese Grenzen, die die Natur der Flugfähigkeit ihrer Geschöpfe gesetzt hatte, waren also schon vor vielen Millionen von Jahren gültig. Und so muß wohl der echte Menschenflug aus eigener Kraft immer ein Traum bleiben.
Nun habe ich Ihnen bisher ja nur erläutert, weshalb es für fliegende Lebewesen eine obere Grenze in der Körpergröße geben muß. Wie aber steht es damit, wenn Tiere fliegen, die noch kleiner sind als ein Sperling? Nach unseren bisherigen Überlegungen müssen wir den Schluß ziehen, daß den Tieren das Fliegen immer leichter fallen muß, je kleiner sie werden. So sind die kleinsten Vögel, die Kolibris, wahre Künstler des Schwirrfluges. Sie können mühelos – in der Luft fliegend – stehenbleiben, indem sie sich auch so ernähren. Sie schweben dabei vor der offenen Blüte einer Orchidee und saugen mit ihrer langen Zunge den Nektar aus der Blüte heraus. Zeitlupenaufnahmen haben

Die Flugsaurier, die vor über hundert Millionen Jahren gelebt haben, gehören zu den größten flugfähigen Tieren, die es je gegeben hat. Mit dieser Größe ist die Natur an die Grenzen des Möglichen vorgestoßen.

gezeigt, daß die Kolibris dabei ihre Flügel nicht auf- und abschlagen, sondern um ihr Schultergelenk kreisen lassen. Sie fliegen daher nach dem Prinzip des Helikopters, der auch in der Luft stehen kann. Diese Flugart widerspricht nun keineswegs dem ersten Gesetz, das ich zu Beginn des Briefes beschrieben habe, wonach nämlich ein Flugkörper, um flugfähig zu sein, eine bestimmte Geschwindigkeit gegenüber der Luft haben muß. Bei einem Kolibri im Schwirrflug und bei einem Helikopter ist dieses Gesetz auch erfüllt, allerdings auf einem Umweg. Beim Schwirrflug nämlich bewegt sich nicht der ganze Flugkörper in der Luft, sondern nur die Schwirrflügel müssen sich mit einer bestimmten Geschwindigkeit drehen. Einen Helikopter kann man verhältnismäßig groß bauen, da sich die Rotorblätter mit einem Motor ziemlich schnell drehen lassen. Die Schwirrflügel eines Kolibris haben allerdings keine Achse, sondern führen nur eine in eine Drehbewegung verwandelte Hin– und Her-Bewegung aus. Die erforderliche Geschwindigkeit der Flügel gegenüber der Luft ist daher nur möglich, wenn die Flügel klein sind. Deshalb tun sich auch größere Vögel beim Rüttelflug so schwer: Ein Schwan kann mit den schweren Flügeln keine so schnelle Kreisbewegung durchführen.

Ein Kolibri kann wie ein Helikopter in der Luft stillstehend schwirren. Nur die kleinsten Vögel und Insekten sind imstande, auf Grund der aerodynmaischen Gesetze, den Schwirrflug zu meistern.

Nun sind die Kolibris ja nicht die kleinsten Tiere, die fliegen können. Die artenreichste Familie von Tieren, nämlich die Insekten, sind durchweg sehr viel kleiner. Ihnen müßte nach den Überlegungen, die ich bereits ausgeführt habe,das Fliegen eigentlich recht leichtfallen. Das ist auch in der Tat der Fall. Das Verhältnis von Körperkraft zu der für das Fliegen erforderlichen Energie ist bei den kleinen Insekten so günstig, daß die Natur den meisten von ihnen das Fliegen als eine überhaupt nicht aufwendige zusätzliche Fähigkeit mitgegeben hat. Nur die Spinnen haben auf das Fliegen verzichtet, obwohl kleine Spinnen sich auch auf Luftreisen begeben, indem sie sich einfach an einen selbstgesponnenen Faden aufhängen, der vom Wind fortgetrieben wird. So sind viele Insekten auch wahre Flugkünstler, wie etwa die Libellen. Sie schwirren von einem Ort zum anderen, schweben regungslos über einer Seerose im »Stand«, und man muß schon genau hinsehen, um feststellen zu können, daß sie überhaupt landen.
Auch haben diese kleinen Flugkünstler in ihrer Winzigkeit gegenüber den Vögeln überhaupt keine Start- und Landeschwierigkeiten, da sie bei ihrem geringen Körpergewicht alles mit ganz kleinen Kräften bewerkstelligen können. Jeder weiß ja, daß es ziemlich schwierig ist, eine Stubenfliege mit der hohlen Hand zu fangen. Auch bei einer sehr schnellen Bewegung mit der Hand entweicht die Fliege, um dann elegant mit den Beinen nach oben an der Decke zu landen. Für viele Insekten ist das Fliegen eine solche Selbstverständlichkeit, daß sie diese Naturgabe eigentlich nur selten nutzen. Die meisten Käfer krabbeln lieber, weil sie dann besser fressen können. Maikäfer fliegen eigentlich nur, um mit einer einmaligen Landung ihr »Schlaraffenland« auf dem Kastanienbaum anzufliegen. Allerdings fliegen sie auch, um einen Partner für die Fortpflanzung zu finden. Nur die Schmetterlinge und die Bienen fliegen, wenn sie auf der Nahrungssuche sind. Die Ameisen und die Termiten schließlich benützen ihre Flügel nur für den Hochzeitsflug. Wenn sie diese Phase ihres Lebens hinter sich haben, reißen sie selbst ihre Flügel ab, da sie sich dann als Krabbeltiere im Innern ihrer Riesennester besser bewegen können. Anhand dieser Beispiele sehen Sie, wie relativ der Wert des Fliegens unter diesen Geschöpfen der Natur ist.
Jetzt bin ich an der Stelle meines Briefes angelangt, an der ich Ihnen Ihre Frage in etwa beantwortet habe. Dabei mußte ich auf jene Gesetze verweisen, die mit der absoluten Größe eines Tieres zusammenhängen. Damit haben Sie allerdings bei mir ins Schwarze getroffen:

Diese Gesetze spielen nämlich auch bei vielen anderen Eigenschaften der Lebewesen eine große Rolle. Ich kann es mir daher nicht verkneifen, Ihnen noch ein paar sehr interessante Gedanken mitzuteilen. Vor mehr als 50 Jahren hat ein britischer Biologe, Professor Haldane, einen entzückenden Essay mit dem Titel »Über die Wichtigkeit, die richtige Größe zu haben« geschrieben. In diesem Aufsatz hat er auch über das Fliegen gesprochen, da diese Fähigkeit – wie ich Ihnen ja gezeigt habe – so entscheidend mit der Körpergröße eines Lebewesens verbunden ist. Es gibt aber auch noch andere Dinge, über die Professor Haldane geschrieben hat, die einfach zu dem Thema, das Sie angeschnitten haben, gehören.

Das mathematische Gesetz der Zunahme der Flächen und Volumina mit der linearen Dimension eines Lebewesens gilt nämlich nicht nur für das Fliegen. Genauso wie es eine obere Körpergröße für das Fliegen gibt, existiert auch eine obere Körpergröße für das Laufen. Sehr große Tiere, wie zum Beispiel die Elefanten oder die Mammuts, haben deshalb ein sehr robustes Knochengerüst. Wenn man beispielsweise eine Maus in allen Proportionen auf die Größe eines Elefanten brächte, könnte sie deswegen nicht laufen, weil ihre Knochen zu dünn wären. Bei einer linearen Vergrößerung einer Maus auf das Hunderfache erhöht sich ihr Gewicht ja auf das Millionenfache. Der Querschnitt ihrer Knochen, als Fläche, dagegen vergrößert sich nur um das Zehntausendfache. Das würde nicht ausreichen, das Gewicht der Maus zu tragen. Würde eine solche vergrößerte Maus versuchen wollen aufzustehen, würden ihre zu dünnen Knochen brechen. Deshalb sind die Skelette einer Maus und eines Elefanten, wenn man sie im gleichen Maßstab zeichnet, in ihrer Struktur deutlich verschieden. Die Maus hat sehr zierliche und der Elefant sehr plumpe, derbe Knochen.

Wenn wir nun Tiere betrachteten, die noch einmal zehnmal größer wären als der Elefant, dann gäbe es mit dem Stehen und Gehen schon erhebliche Schwierigkeiten. Die größten Landtiere, die die Natur auf der Erde erschaffen hat,waren die Saurier. Dabei haben die gewaltigsten von ihnen – wie der Brontosaurus und der Diplodocus – sich die meiste Zeit in flachen Gewässern aufgehalten und nur ihren langen Hals aus dem Wasser herausgestreckt. Der Auftrieb des Wassers nämlich hat sie von ihrem ungeheuren Gewicht entlastet, das ihre kurzen dicken Säulenbeine fast nicht mehr zu tragen vermochten. Und das größte Tier, das die Natur überhaupt je geschaffen hat, kann überhaupt nicht mehr gehen und hat deshalb keine Beine – der Wal. Der Wal hat ein so ungeheures Gewicht, daß er nur schwimmend existieren kann. Würde ein Wal beispielsweise auf den Strand geschwemmt werden, würde er ersticken. Sein riesiges Körpergewicht nämlich drückte seinen Brustkorb so zusammen, daß er nicht mehr atmen könnte.

Es ist also die Schwerkraft, die dem Größenwachstum der Tiere eine Grenze setzt. Aus diesem Grund ist die Schwerkraft auch schon für unsere Großtiere eine ganz erhebliche Gefahr. Elefanten und Giraffen sind nicht imstande, eine Stufe von wesentlich mehr als einem Meter Höhe herunterzuspringen, ohne sich tödlich zu verletzen. Eine Maus, die ja hundertmal kleiner und eine Million mal leichter ist, kann die Schwerkraft kaum beeinträchtigen. Ihr würde es nichts ausmachen, den Fahrstuhlschacht in einem Hochhaus herunterzufallen. Weil sie so klein ist, wird sie von der Schwerkraft auch nur wenig angezogen. Außerdem wird sie beim Fall in der Luft stark gebremst; ihre Auftreffgeschwindigkeit am Boden des Schachtes ist so gering, daß sie sich nur kurz schüttelt, um dann unverletzt weiterzulaufen. Für den freien Fall hat sie nämlich ein sehr günstiges Verhältnis zwischen Körpergewicht und luftbremsender Oberfläche. So hat sich eine Maus noch nie in ihrem Leben bei einem Sturz ein Bein gebrochen.

Gemessen an der Schwerkraft, sind wir Menschen schon etwas zu groß. Ein Sprung aus einer Höhe von mehr als vier oder fünf Meter geht bei uns selten ohne einen Beinbruch ab. Besonders bei älteren Menschen – unbeweglicher und in ihrer Reaktionsfähigkeit langsamer – sind Knochenbrüche durch einen einfachen Sturz ein sehr häufiger Unglücksfall.

Insekten dagegen sind so klein, daß sie die Schwerkraft überhaupt nicht zu fürchten brauchen – selbst wenn sie nicht fliegen können. Auch eine Spinne, die ja keine Flügel hat, kann man unbeschadet aus dem Fenster werfen. Sie schwebt dann eben langsam herunter, bis sie den Erdboden trifft. Umgekehrt besteht für Insekten eine Gefahr, die für uns Menschen überhaupt nicht existiert, nämlich das Naßwerden. Das hängt damit zusammen, daß im Verhältnis zu unseren Körperkräften die gesamte Oberfläche unserer Haut relativ klein ist. Wenn wir aus der Badewanne steigen, ist unsere Haut benetzt, und wir wiegen dann vielleicht ein Pfund mehr, als wenn wir trocken sind. Das bemerken wir überhaupt nicht. Wenn eine kleine Maus dagegen ins

Wasser fällt und mühsam an Land schwimmt, muß sie sich danach beim Krabbeln auf das Trockene ganz schön anstrengen. Bei ihrer relativ großen Oberfläche muß sie nämlich eine Wasserschicht schleppen, die fast so viel wiegt wie sie selber. Bei den Insekten ist dieser Umstand besonders schlimm. Wenn sie nicht gegen Benetzung geschützt sind – wie Wasserkäfer und Wasserläufer –, können sie bei Benetzung selten die Kraft aufbringen, die Oberflächenspannung des Wassers, die sie wie eine Fessel festhält, zu überwinden. Für ein Insekt ist deshalb eine Wasseroberfläche genauso gefährlich wie für uns ein Sturz vom Dach eines Wolkenkratzers. Das ist der Grund, weshalb sich Insekten, die auf dem Land und in der Luft leben, offenen Wasserflächen nur sehr zögernd nähern und mit einer langen Zunge trinken. Ihre beste Quelle für einen Trunk ist ein möglichst kleiner Tautropfen. Auch müssen sich Insekten wegen ihrer relativ großen Oberfläche vor klebrigen Substanzen hüten. Ihre Körperkraft reicht nicht aus, sich loszureißen. Das ist auch der Grund, weshalb eine Fliege im klebrigen Spinnennetz hilflos ist. Uns großen Menschen mit der relativ kleinen Oberfläche könnte so etwas nicht passieren. Klebte man uns an, würde unsere Kraft in allen Fällen ausreichen, uns loszureißen, auch wenn wir dabei etwas Haut und ein paar Haare lassen müßten.
Nun gibt es noch andere biologische Vorgänge, bei welchen die Körpergröße eine ganz entscheidende Rolle spielt: Das ist der Wärmehaushalt. Im Innern eines Tierkörpers laufen die biologischen Vorgänge bei hohen Temperaturen sehr viel schneller und damit wirkungsvoller ab. So wissen wir zum Beispiel von Schlangen, Echsen und Lurchen, daß sie bei tiefen Temperaturen sehr träge und sogar völlig hilflos werden. Aus diesem Grund lieben sie die Wärme und suchen jede Gelegenheit, sich im Schein der Sonne aufzuwärmen. Nun hat die Natur ihren höchsten Lebewesen, nämlich den Vögeln und den Säugetieren, den Warmblütlern, einen Thermostat eingebaut, der dafür sorgt, daß ihre Körpertemperatur immer gleich bleibt. Dieser stets gleichbleibenden Körpertemperatur, unabhängig von der Außentemperatur, verdanken die Vögel und die Säugetiere ihre stete Aktionsbereitschaft, ihre schnelle Reaktionsfähigkeit, ihre Wachheit und Aufmerksamkeit und vor allem ihre »Intelligenz«.
Bei der Erhaltung einer gleich hohen Körpertemperatur hat es ein großes Tier sehr viel leichter als ein kleines. So hat ein Elefant im Verhältnis zu seiner Körpergröße eine Oberfläche, die relativ zehn-

tausendmal kleiner ist als die Oberfläche einer Maus. Ein so kleines Tier wie eine Maus muß sich daher sehr gegen Abkühlung schützen, weil sie ihre Körperwärme viel schneller abstrahlt. Aus diesem Grund sind jene kleinen Warmblüter eigentlich dauernd am Fressen: Sie müssen den Ofen in ihren kleinen Körpern dauernd nachheizen. Das ist der Grund, weshalb Mäuse und Spitzmäuse, genau wie unsere kleinen Vögel, innerhalb von 24 Stunden ungefähr ihr eigenes Körpergewicht an Nahrung aufnehmen müssen. Ihr Stoffwechsel muß so groß sein, um die dauernden Wärmeverluste über ihre großen Oberflächen auszugleichen.

Aus dem gleichen Grund gibt es auch nur in den Tropen und in der gemäßigten Zone so kleine Tiere. In der kalten Arktis können nur große Tiere wie Eisbären oder Walrosse dauernd leben und auch überwintern. Die Vögel wandern während des Winters in den Süden, da sie den großen Wärmeverlust nicht durchstehen könnten.

Umgekehrt war die Körpertemperatur der großen Saurier in der Vorgeschichte der Erde auch dauernd ziemlich hoch. Bei ihnen genügte es, sich tagsüber in der Sonne aufzuwärmen. Die riesige Wärmekapazität ihrer großen Körper bei einer relativ kleinen Oberfläche hat dann dazu geführt, daß sie sich während der Nacht nur wenig abkühlten. Das können wir heute noch bei den Krokodilen und Alligatoren beobachten, während kleine Eidechsen und Schlangen in der Nacht unter freiem Himmel leicht erfrieren.

Zum Schluß möchte ich noch einen wichtigen Punkt erwähnen, der Sie vielleicht damit versöhnen wird, daß Sie nicht fliegen können wie ein Adler. Die Intelligenz ist nämlich auch an eine bestimmte Körpergröße gebunden. Eine Maus oder auch ein Adler haben ja ziemlich kleine Köpfe – in ihren Körperbau paßt kein Gehirn von der Größe eines Menschenhirns. Nun gibt es zwar Tiere, deren Hirngewicht noch größer ist als das beim Menschen, wie etwa die Elefanten oder die Wale. Freilich ist das Gehirn vieler Tiere anders gebaut als das unsere. Andererseits sind Tiere von vergleichbarer Größe, wie etwa die großen Menschenaffen, mit kleineren Gehirnen ausgestattet. Jedenfalls scheint es so zu sein, daß nur ein Lebewesen, dessen Größe etwa der unsrigen entspricht, ein so großes und komplex gebautes Gehirn besitzen kann. Dies haben wir allerdings mit einer Körpergröße erkauft, die uns die Fähigkeit des Fliegens verbietet. Umgekehrt jedoch kann ein Vogel nicht bis fünf zählen. Man kann einem brütenden Vogelweibchen, das fünf Eier im Nest hat, ohne

weiteres ein Ei wegnehmen; wenn der Vogel zum Nest zurückkehrt, bemerkt er das nicht. Wenn Sie dies bedenken, sind Sie vielleicht nicht mehr so neidisch auf einen Vogel, der fliegen kann.
Ich danke Ihnen sehr für Ihr Interesse an meinen Fernsehsendungen und Büchern und verbleibe mit besten Grüßen

Ihr

Heinz Haber

4

Sehr geehrter Herr Professor Haber!

Seit einiger Zeit beschäftigt mich eine Frage besonders stark. Es wird doch zur Zeit so viel von der drohenden Energielücke der achtziger Jahre gesprochen. Ich kann verstehen, daß wir auch in zehn Jahren noch genügend Energie brauchen werden; vor allem wenn man an die vielen Arbeitsplätze denkt, die davon abhängen. Nun weisen aber die Kernkraftgegner immer darauf hin, die Energie der Sonne zu nutzen, die doch reichlich auf die Erde strömt und nicht einmal etwas kostet. Warum macht man denn so etwas nicht in großem Maßstab? Ich habe auch kürzlich davon gelesen, daß man die Erdwärme als Energiequelle nutzen könnte. In Kalifornien ist unlängst ein Kraftwerk in Betrieb genommen worden, das mit heißem Dampf gespeist wird, der auch umsonst dauernd der Erde entspringt. Ebenso gibt es in Japan Badeanstalten, in denen das Badewasser heißen Quellen entnommen wird. Im weiteren Zusammenhang mit der Energiegewinnung denke ich auch an Ebbe und Flut. Könnte man da nicht jeden Tag ein großes Staubecken füllen, wobei das ausfließende Wasser, wie bei einem Staudamm, über eine Turbine Strom erzeugen könnte? Dann habe ich mich schon öfter gefragt, warum die Holländer ihre Windmühlen abgeschafft haben. Als ich kürzlich mit meinem Mann in Amerika war, habe ich auf vielen amerikanischen Farmen Windräder gesehen, mit denen die Farmer ihr Wasser hochpumpen und Viehtränken füllen. Ich denke oft, daß wir die Naturkräfte gar nicht richtig ausnutzen, um Strom zu erzeugen. Ich habe an die Sonne, Ebbe und Flut, die Erdwärme und den Wind gedacht, weil dabei doch auch gar keine

Umweltverschmutzung entsteht. Manchmal denke ich, unsere Industrie und die Techniker und auch unsere Politiker kümmern sich nicht recht um diese Möglichkeiten, Energie zu gewinnen. Ich wäre Ihnen sehr dankbar, wenn Sie mir erklären würden, wie es damit steht.
Mit Dank für Ihre Mühe und mit herzlichem Gruß

Ihre

Doris D.

Ist die Sonne nicht die ideale Energiequelle?

Sehr geehrte Frau D.!

In Ihrem Brief, für den ich Ihnen sehr danke, haben Sie ein sehr wichtiges Thema angeschnitten. Gerade weil heute von Kernkraftgegnern so viel auf diese natürlichen und sauberen Energiequellen hingewiesen wird, ist Ihr Brief bestimmt eine Antwort wert.

Darf ich vielleicht damit beginnen, daß ich Ihnen zuerst über die Gezeiten (Ebbe und Flut) und über die Erdwärme als vielleicht nutzbare Energiequellen schreibe. Obwohl beide ungeheuer große Energiequellen darstellen, konnte man sie bisher dennoch nur in ganz geringem Unfang und nur an wenigen Stellen der Erde echt nutzen. Leider sieht es so aus, als ob sich auch in Zukunft diese Quellen selbst bei großem Aufwand für Forschung und Entwicklung nicht lohnen werden. Beginnen wir einmal mit den Gezeiten.

Die Anziehungskraft des Mondes wirkt dauernd auf die Erde und führt dabei einen Flutberg, der von den Wassern des Weltmeeres gebildet wird, mit sich. Es würde zu weit führen, Ihnen hier im einzelnen zu erläutern, weshalb dieser Flutberg nicht nur auf der Seite der Erde sich auftürmt, wo gerade der Mond steht, sondern auch auf der mondabgekehrten Seite der Erde. Es genügt vielleicht zu sagen, daß der Umlauf des Mondes um die Erde unserem Planeten eine Art »Eierbewegung« aufzwingt, deren Fliehkraft dann den Flutberg auf der mondabgekehrten Seite hochdrückt. Jedenfalls ist es so, daß sich das Wasser der Ozeane im Takt von etwa 12 $^{1}/_{2}$ Stunden auf- und abbewegt. In der Mitte des Atlantik und des Pazifik ist die Höhe dieses Flutberges erstaunlich niedrig; sie beträgt nämlich nur etwa 30 Zentimeter. Wenn der Flutberg dann allerdings in die vielgestalteten Buchten und Meerengen hineinfließt, kann er sich ziemlich aufstauen

und hochtürmen. Die Ankunft des Flutberges kann sich dann so verspäten, daß er dem jeweiligen Stand des Mondes am Himmel nicht mehr so genau folgt. So gibt es auf der Welt verschiedene Stellen, wo der Wasserstandsunterschied zwischen Ebbe und Flut viele Meter beträgt, wie beispielsweise an unseren Nordseeküsten. Die Sonne ist auch mit im Spiel. Ihre Anziehungskraft trägt etwa 30% zu der Höhe der Flutberge bei, wobei sich die Wirkungen von Sonne und Mond gelegentlich addieren oder subtrahieren.
Im ersteren Fall spricht man daher auch von Springflut und im zweiten Fall von Nippflut. Aus dem, was ich Ihnen bisher erläutert habe, können Sie schon ablesen, daß die Fluthöhe gegenüber dem Stand bei Ebbe (man nennt das Tidenhub) nur an wenigen Stellen der Erde groß genug ist, um damit einen künstlichen vorbereiteten Stausee hinter einem entsprechend gebauten Staudamm genügend hoch auffüllen zu können. Dann allerdings hätte man einen Stausee für ein Wasserkraftwerk, das zweimal am Tag von der kosmischen Kraft kostenlos gefüllt und entleert würde.
So etwas hat die Energietechniker natürlich schon seit vielen Jahrzehnten gereizt. Es gibt an der französischen Atlantikküste ein solches Gezeitenkraftwerk, da im Kanal der Tidenhub besonders groß ist. Allerdings hat man sich dazu auch noch eine Flußmündung ausgesucht, die geologisch entsprechend geformt ist, so daß man beim Bau dieses Gezeitenkraftwerkes nicht allzu große Erdbewegungen aufwenden mußte. Dieses Kraftwerk funktioniert; man hat damit jedoch immer seine Sorgen. Zunächst einmal müssen die Turbinen so gebaut sein, daß sie vom Salzwasser nicht zerfressen werden. Zweitens geben sie eine echte Leistung nur dann her, wenn das einfließende Wasser bei kommender Flut und das abfließende Wasser bei bevorstehender Ebbe schnell genug fließt, damit die Turbinen echte Leistungen abgeben. Insgesamt kann man mit diesem Werk eigentlich nur während knapp drei Stunden innerhalb von 24 Stunden eine ausreichende elektrische Energie erzeugen, bei der sich eine industrielle Nutzung lohnt. Auch ist die Gesamtleistung des Kraftwerks selbst während dieser drei Stunden bescheiden. Während der übrigen 21 Stunden des Tages stehen die Räder still. Wenn man nun noch bedenkt, daß ein genügend großer Tidenhub zusammen mit einer entsprechend gebauten Flußmündung nur an wenigen Stellen der Küsten der ganzen Erde vorkommt, so müssen Sie denselben Schluß ziehen, zu dem Energieexperten schon seit langem gekommen sind: Die Energie von

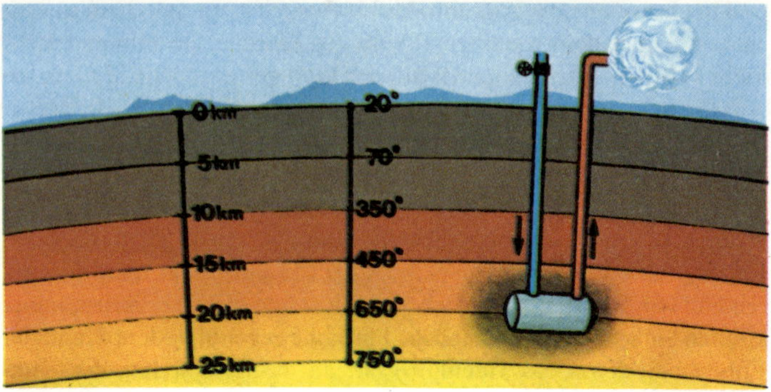

Nach der Wunschvorstellung von Umweltschützern könnte man in einem Kessel, in großer Tiefe unter der Erde versenkt, laufend Dampf erzeugen. In Wahrheit jedoch funktioniert das nur kurze Zeit, da sich das Gestein um den Kessel herum sehr schnell abkühlt.

Ebbe und Flut kann beim gewaltigen Energiebedarf der heutigen industriellen Welt nur einen sehr kleinen Beitrag leisten; ja diese wirtschaftlichen und technischen Tatsachen haben dazu geführt, daß kein Fachmann mehr ernsthaft an die Nutzung der Gezeitenenergie denkt.

Mit der Erdwärme ist es ähnlich. Auch sie kann nur an wenigen bevorzugten Stellen der Erde zur Zeit ohne größeren Aufwand zur Energiegewinnung herangezogen werden. So gibt es schon seit Jahrzehnten in Island, in Italien, in Neuseeland und in anderen vulkanischen Gegenden der Erde Dampfkraftwerke, bei denen der Dampf laufend aus der Erde strömt. Dazu müssen freilich ziemlich ausgefallene Bedingungen in der oberen Erdkruste herrschen, die eben nur selten erfüllt sind. Zunächst einmal muß heißes Gestein so dicht unter der Erdoberfläche liegen, daß es laufend von Grundwasser umspült wird. Es entsteht dadurch ein natürlicher Kreislauf, wobei Regenwasser absickert, unterirdisch erhitzt wird und dann wieder entweicht. Allerdings muß es recht hochgespannter Dampf sein, damit sich ein lohnender Wirkungsgrad erzielen läßt.

Nördlich von San Francisco, Kalifornien, sind alle diese Bedingungen erfüllt. An dieser ausgefallenen Stelle hat man die natürlichen Öffnungen im Gestein eingefaßt, den hochgespannten Dampf abgeleitet und Turbinen zugeführt. So ideale Bedingungen allerdings findet man selten.

Es ist nun richtig, daß die Erdwärme sich überall unter unseren Füßen befindet. Es ist ja schon seit langem bekannt, daß die Temperatur des Erdinnern im Durchschnitt etwa um 30 Grad Celsius steigt – bei jedem Kilometer, den man tiefer bohrt. Das ist der Grund, weshalb besonders tiefe Bergwerksschächte künstlich gekühlt werden müssen. Wenn man diesen Durchschnittswert annimmt, so hat man in einer Tiefe von etwa 20 Kilometer eine Temperatur von 600 Grad, die völlig ausreichen würde, in einem Dampfkessel hochgespannten Dampf laufend zu erzeugen. So kann ich jeden Studenten verstehen, der als Kernkraftgegner fordert, daß man das doch tun solle. Ein solches Kraftwerk, mit Erdwärme betrieben, ist in seinem Entwurf nämlich so einfach, daß man es mit ein paar Strichen hinmalen kann. Ganz unten ist der Kessel, der laufend mit kaltem Wasser über ein langes Rohr von der Oberfläche aus gespeist wird. Ein zweites Rohr, das man vielleicht noch isolieren sollte, leitet dann den Dampf zurück, und man treibt damit die Dampfturbinen eines E-Werkes. Nun sind Studenten, die so etwas vorschlagen, meist Soziologen oder Politologen. Würden Sie sich mit Geologie beschäftigen, hätten sie die Einwände gegen diese einfache Lösung längst selbst gefunden.

Zunächst einmal ist es technisch gar nicht so leicht, ein Bohrloch so tief vorzutreiben, bis das Gestein die erforderlichen Temperaturen aufweist, die man für die Erzeugung von ausreichend hochgespanntem Dampf benötigt. Es gibt freilich Stellen auf der Erde, wo die erforderlichen Temperaturen des Gesteins nicht ganz so tief liegen. In manchen vulkanischen Gebieten ist ja der Erdboden so heiß, daß man darauf nicht laufen kann. Jetzt sind wir allerdings schon wieder bei vulkanischen Gebieten, die mit diesen Bedingungen auf der Erde nicht sehr häufig sind. Hinzu kommt, daß die heißen Schichten, die der Erdoberfläche näher liegen, nicht sehr stabil sind. Hier besteht die Gefahr, daß durch Erdbeben oder auch langsamere Erdbewegungen der unterirdisch versenkte Kessel zerdrückt wird oder sich zumindest so verschiebt, daß man ihn praktisch neu anlegen muß. Nun, darüber kann man noch streiten. Es läßt sich bestimmt eine größere Zahl von relativ stabilen Erdschichten finden, die nicht so tief liegen und die eine ausreichende Stabilität haben.

Dann allerdings kommt ein zweiter Einwand, den jeder Geologe erheben muß. Es ist ja typisch für die Gesteinskruste der Erde, daß sie ein hervorragender Wärmeisolator ist. Würde das Gestein der Erdrinde die Wärme nämlich besser leiten, dann wäre die Erdoberfläche überall ziemlich heiß, da ja dauernd die Erdwärme nach außen dringen und in das Weltall entweichen würde. Die Erde ist also eine Art Thermosflasche, die auch imstande war, die gewaltige Erdwärme über Jahrmillionen hinweg zu konservieren. Ja, sie bewirkt sogar, daß die Massen im Erdinnern im Lauf der Erdgeschichte immer heißer wurden, weil die Energie der radioaktiven Stoffe sie immer weiter aufheizte.

Diese große Isolationsfähigkeit des Gesteins hat demnach zur Folge, daß ein solcher in der Tiefe versenkter Dampfkessel nur relativ kurze Zeit Dampf liefern könnte. Dann nämlich hätte sich der Gesteinsmantel, der ihn rundum einhüllt, schon erheblich abgekühlt, da wir ihm ja die Energie entnommen haben. Der Dampf, den man gewinnen könnte,würde daher bald nicht mehr so stark strömen. Man müßte dann das mit großem Aufwand gebaute Kraftwerk viele Jahre stillegen, um abzuwarten, bis sich der Gesteinsmantel in der unmittelbaren Nachbarschaft des Dampfkessels wieder genügend erhitzt hätte. Allerdings müßte man ziemlich lange warten, bis das der Fall wäre. Wie Sie gesehen haben, leitet das Gestein der Erdkruste die Wärme nur sehr schlecht, und es würde ziemlich lange dauern, bis genügend Wärme aus der Umgebung wieder von dem Gesteinsmantel um den Kessel herum aufgenommen worden wäre.

Die Energietechniker wissen das alles. Trotzdem suchen sie Mittel und Wege, diese Schwierigkeiten zu umgehen. Daran wird an vielen Stellen gearbeitet. Echte Erfolge konnte man jedoch bisher noch nicht verzeichnen. Es wäre töricht, sich für die künftige Energieversorgung der Menschheit auf die Erdwärme als ergiebig nutzbare Quelle zu verlassen.

Sodann haben Sie mich gefragt, weshalb die Holländer ihre Windmühlen abgebaut haben. Schließlich haben sie doch damit jahrhundertelang ihr Korn gemahlen und die Pumpen für ihr ausgedehntes Kanalsystem betrieben. Das hat deshalb so schön funktioniert, weil Holland an der Westküste des eurasischen Kontinents liegt und dort eigentlich jahraus, jahrein eine frische Brise weht, die in den Niederlanden von keinem Gebirge an ihrer steten Strömung gehindert wird. Nun, ich glaube, daß Sie den Grund selbst kennen, weshalb die Holländer ihre Windmühlen abgeschafft haben. Mit der Erfindung und Vervollkommnung der Dampfmaschine und schließlich mit dem Bau von E-Werken und der Verfügbarkeit von elektrischem Strom an allen Stellen haben sie sich umgestellt. Die Kraft des Dampfes und der Elektrizität steht immer dann zur Verfügung, wenn man sie benötigt. Diese Energiequellen sind sehr viel handlicher und verläßlicher als die witterungsabhängige Windkraft. Es ist ja typisch, daß die ganze Welt beim Aufbau ihrer Industrie nach den bequemsten und zumindest anfangs immer billiger werdenden Energieformen griff. Das war ein ganz natürlicher Vorgang, und es kam zunächst dazu, daß sich die großen Industriewirtschaften der Welt der Kohle als Energiespender bedienten. Selbst die Kohle wurde schließlich verdrängt, und zwar durch das noch praktischere Öl.

Vermutlich hat Ihre Mutter zu Hause noch mit einem Holz- oder Kohleofen geheizt und gekocht. Sie allerdings haben heute sicher schon eine Ölheizung im Haus. Für diese Heizungsart haben Sie sich bestimmt deshalb entschieden, weil ein Ölbrenner automatisch funktioniert und man nicht dauernd Koks oder Briketts nachfüllen muß. Auch raucht und stinkt ein Ölbrenner lange nicht so sehr wie ein Kohleofen. Und Sie brauchen keine Asche mehr wegzuschaffen. Sodann hat Öl der Kohle gegenüber noch einen großen Vorteil, den Sie vielleicht nicht so sehr bemerken – wohl aber die Großindustrie, die gewaltige Energiemengen verschlingt. Der Vorteil besteht darin, daß Öl flüssig ist; es läßt sich also in den berühmten Pipelines sehr leicht transportieren, man braucht es nicht wie Kohle dauernd umzuladen. Das war nun alles gut und richtig, solange wir keine Ölkrise hatten. Ich brauche Ihnen ja nicht zu erzählen, daß heute jede Industriegroßmacht danach strebt, das immer knapper werdende Öl durch andere Energieträger zu ersetzen. Das ist einer der wichtigsten Gründe, weshalb heute in aller Welt Kernkraftwerke gebaut werden, zumal das Öl außerdem zu wertvoll ist, um es einfach zu verbrennen. Man kann bekanntlich daraus eine sehr große Zahl von Kunststoffen herstellen, die wir alle in großen Mengen benötigen. Da nun andererseits die Kernkraftwerke von vielen Leuten nicht gewünscht werden, entstand eben die Suche nach neuen Energiequellen, und jetzt komme ich wieder zum Wind zurück. Ich wollte Ihnen ja eigentlich nur erzählen, weshalb die Holländer ihre Windmühlen abgeschafft haben.

Der Wind ist in der Tat eine Energiequelle, die sich zu nutzen lohnt. Nun ist beispielsweise die amerikanische Regierung allen neuen Projekten gegenüber sehr aufgeschlossen, und die Amerikaner haben immer schon ein besonders Talent gehabt, Organisationen zu schaffen, die wirklich etwas zuwege bringen. Sie kennen sicher die »NASA«, die »Nationale Weltraumbehörde« der Vereinigten Staaten. Weniger bekannt jedoch ist, daß diese große Organisation für Forschung und Entwicklung sich nicht nur um den Weltraum kümmert. Schon seit mehreren Jahren untersucht die NASA, ob man den Wind nicht als Energiequelle dienstbar machen könnte. Nun werden Sie sich fragen, was es denn bei einer Windmühle groß zu forschen und zu entwickeln gäbe. Die Antwort dafür liegt eigentlich auf der Hand. Wir wollen ja keine Windmühlen bauen, wie die Holländer sie gehabt haben. Windmühlen der Zukunft müssen kein Korn mahlen, sondern sie sollen elektrischen Strom erzeugen. Außerdem sollen sie so konstruiert werden, daß sie das Beste aus der Windkraft herausholen, und die Flügelräder und Propeller sollen so gebaut sein, daß sie einen hohen Wirkungsgrad sicherstellen. Auch müßten Konstruktionen für die Windräder und die Generatoren entwickelt werden, die eine möglichst billige Herstellung ermöglichen. Auf diesem Weg hat man schon sehr erfreuliche Fortschritte gemacht.

Auf dem Gebiet der Nutzung von Windkraft muß noch viel Forschungsarbeit geleistet werden. So müssen wir wissen, wo man ein solches Windkraftwerk zweckmäßig aufstellen soll. Dazu sind langjährige Meßreihen erforderlich, um festzustellen, wie heftig und wie häufig der Wind an verschiedenen geeigneten Stellen wirklich weht. Dabei kommt es ganz entscheidend auf die Windgeschwindigkeit an. Das hängt mit einem Naturgesetz zusammen, wonach die Energie, die man aus dem Wind herausholen kann, sehr schnell mit der Windgeschwindigkeit ansteigt. Es ist nämlich so, daß man einem Wind, der mit etwa 20 Kilometer pro Stunde weht, achtmal soviel Energie entnehmen kann wie einem Wind mit einer Geschwindigkeit von nur zehn Kilometer pro Stunde. Orte mit starkem Wind sind daher für ein wirtschaftliches Windkraftwerk hervorragend geeignet.

Nach verläßlichen Berechnungen eines amerikanischen Energie-Ingenieurs könnten vier solcher schwimmenden Türme mit Windgeneratoren den Strombedarf einer Stadt mit 10 000 Einwohnern decken.

Unsere Sonne ist die Quelle fast aller Energien, die wir benutzen: Sie hat in vergangenen Epochen Kohle, Erdöl und Erdgas geschaffen; über das Wetter füllt sie die Staudämme auf und treibt Windmühlen; ihre Strahlung kann über Sonnenkollektoren direkt eingefangen werden.

Auch muß das Windrad möglichst hoch angebracht werden, weil nämlich die Reibung am Erdboden den Wind verlangsamt. Schon in zehn Meter Höhe ist der Wind im Durchschnitt um 20% schneller als am Erdboden. Das können wir ja an jedem Drachen sehen, der erst richtig fliegt, wenn er über die Höhe der Hausdächer gestiegen ist. Im Rahmen des Programms für die Erforschung der Windkraft sind schon eine ganze Reihe von Versuchsanlagen gebaut worden. Für die nächste Zukunft sind riesige baumartige Türme geplant, die an ihren ausladenden Ästen bis zu 50 Propeller mit angeschlossenen Generatoren tragen. Selbst bei einer mäßigen Brise könnte eine solche Windkraftanlage den Normalverbrauch an Elektrizität für eine kleinere Stadt liefern. Um allerdings eine Großstadt damit zu versorgen, müßte man Tausende solcher Türme bauen, und das würde bestimmt wieder die Umweltschützer auf den Plan rufen. Es wäre sicher kein schöner Anblick, wenn wir unsere Städte quadratkilometerweise mit ganzen Wäldern solcher Türme umgeben müßten. Daran haben die Ingenieure auch schon gedacht und Turm-Konstruktionen ent-

worfen, die weit vor der Küste am Meeresgrund verankert werden oder – bei zu großer Meerestiefe – dort schwimmen sollen. Dann wären sie außer Sichtweite, und auf dem Meer wäre auch auf Dauerwind einigermaßen Verlaß.

So hat die NASA abgeschätzt, daß eine Batterie von 13 000 solcher Windtürme vor der Nordostküste der Vereinigten Staaten die zehn Neu-England-Staaten mit Strom versorgen könnte. Allerdings sind das Gebiete mit sehr wenig Industrie, also geringem Stromverbrauch.

Sie sehen also, die Kernkraftgegner haben gar nicht so unrecht, wenn sie die Nutzung des Windes fordern. Aber trotz dieser sehr optimistischen Forschungsergebnisse sind sich Wissenschaftler und Ingenieure darüber einig, daß selbst solche Riesenanlagen zur Nutzung des Windes fünf oder höchstens zehn Prozent des Energiebedarfs einer Industrienation decken können. Und dann natürlich: Der Wind weht ja nicht immer. Auch während windstiller Tage möchte die Industrie weiterarbeiten, und Sie selbst wollen ein warmes Haus haben und fernsehen können. Nun, die Energiefachleute haben sich auch darüber schon Gedanken gemacht, wie es möglich wäre, die erzeugte Energie von windigen Tagen zu speichern, damit sie dann an windstillen Tagen verfügbar ist. Das gleiche Problem besteht bei der Nutzung der Sonnenenergie, über die ich Ihnen jetzt etwas schreiben möchte.

Wenn Sie Ihren Fernseher einschalten oder sich ein heißes Bad einlaufen lassen, benutzen Sie ja schon Sonnenenergie. Allerdings nicht

direkt. Vielleicht wohnen Sie in der Nähe eines Wasserkraftwerkes und beziehen ihren Strom von den Generatoren am Fuße des Staudamms. Dann benutzen Sie die Energie des Sonnenscheins, der vor ein oder zwei Jahren auf die Erde gefallen ist. Es war nämlich die Sonne, die das Meerwasser verdunstete, und es war der von der Sonne getriebene Wind, der die Wolken auf das Festland strömen ließ. Diese Wolken haben sich dann über dem weiten Einzugsgebiet des Stausees abgeregnet und abgeschneit. Es war also das Schmelz- und Regenwasser vom vorigen Jahr, das die Turbinen Ihres Kraftwerks trieb. Das heiße Wasser für Ihr Bad stammt vielleicht von einem Fernheizwerk, das mit Kohle, Öl oder Gas betrieben wird. Auch diese Energie stammt ursprünglich von der Sonnenstrahlung, allerdings mit einem großen Unterschied. Es ist Sonnenschein, der schon vor vielen Millionen Jahren auf die Erde gefallen ist und vielen Pflanzen und Kleinsttieren das Leben ermöglicht hat. Diese sind dann versunken und haben sich unter dem großen Druck der auf ihnen lastenden Erdschichten in Kohle, Öl oder Erdgas verwandelt. Alle unsere klassischen Energieträger sind daher »fossil«. Es ist für uns Menschen ein sehr glücklicher Umstand, daß sich die Sonnenenergie vergangener Zeiten jahrmillionenlang konserviert und aufgespeichert hat. Nun wissen Sie ja selbst, daß die Energiesorgen der hochindustrialisierten Menschheit durch die Tatsache der begrenzten Verfügbarkeit dieser Vorräte gespeicherter Sonnenenergie begründet sind. Es ist eigentlich unerhört, daß wir seit Beginn der technischen Revolution vor knapp 150 Jahren schon fast die Hälfte der Vorräte aufgebraucht haben, die Sonne und Erde in Millionen von Jahren erzeugten. Das freilich haben Sie bestimmt nicht gemeint, als Sie von der Nutzung der Sonnenenergie sprachen. Es wäre natürlich sehr schön, wenn es uns gelänge, die benötigte Energie dem Sonnenschein direkt zu entnehmen, der eben während der Verbrauchszeit auf die Erde fällt.
In diesem Zusammenhang hat man ausgerechnet, wieviel Sonnenenergie jährlich auf ganz Arabien einströmt. Arabien liegt ja in einer sehr wolkenarmen Gegend, in der die Sonne das ganze Jahr hindurch fast jeden Tag von früh bis abends scheint. Die Jahresenergie, die Arabien trifft, ist etwa doppelt so groß wie die gesamte Energie, die wir den restlichen Ölvorräten unseres Planeten entnehmen können. So etwas muß man doch nutzen können – sagt sich jeder.
Nun ist die gesamte Energie der Sonne, die tagaus tagein die Erde trifft, in ihrer Summe zwar ungeheuer groß. Sie ist aber sehr dünn

verteilt. Das möchte ich Ihnen an einem Beispiel verdeutlichen. Stellen Sie sich bitte einen Würfel vor – mit Kantenlängen von einem Meter – und füllen Sie diesen mit Wasser. Das entspricht dann genau einer Tonne. Nun lassen Sie die Sonne auf die quadratische Oberfläche dieses Würfels scheinen, weil wir nämlich jetzt diese Tonne Wasser mit Hilfe der Sonnenenergie – so wie sie ankommt – erwärmen wollen. Nun kann man ausrechnen, daß die Sonne in jeder Minute auf die Oberfläche dieses Quadratmeters der obersten Würfelfläche eine Energie von knapp 20 000 kleinen Kalorien absetzt. Nun nehme ich nicht an, daß Sie Physikerin sind; deswegen will ich das anders ausdrücken. Wir wollen nämlich danach fragen, wie lange es dauert, bis die Sonnenenergie diese Tonne Wasser auf 50 Grad erhitzen kann. Dabei wollen wir voraussetzen, daß die gesamte Energie der Sonnenstrahlung darauf verwendet wird, das Wasser zu erhitzen, und daß dieser große Würfel vollkommen von allen Seiten gegen Wärmeverluste isoliert wäre. Selbst dann müßten Sie eine Woche auf Ihr heißes Bad warten. Da die Sonne aber nur am Tag scheint, müßten Sie sogar 14 Tage warten. Das ist nun das Problem, daß eben das Sonnenlicht, so wie es vom Himmel herunterkommt, sehr sehr dünn ist. Alle die gewaltigen Zahlen, die man bezüglich der Sonnenenergie – Einstrahlung ausrechnet, beziehen sich nicht auf den Quadratmeter, sondern auf Millionen von Quadratkilometer, wie etwa die Größe Arabiens in unserem Beispiel. Es liegt also nahe, daß wir die Sonnenenergie mit Hilfe von Hohlspiegeln brennpunktartig konzentrieren müssen.

So haben Energietechniker in Kalifornien und im Staat Neu-Mexiko ganze Batterien von Hohlspiegeln aufgestellt, die ihr gesammeltes Licht auf eine kleine Fläche konzentrieren. Dort kann man dann sehr schnell die 600 Grad Celsius erzeugen, die wir brauchen, um hochgespannten Dampf zu erzeugen. Das sind vielversprechende Versuche, und es wird bestimmt in den nächsten 20 Jahren Sonnenkraftwerke geben, die namhaft zur Energieerzeugung beitragen.

Auch arbeitet man an der Nutzung der Sonnenenergie, die die obersten Schichten des Meerwassers erwärmt. In den Tropen, auch am Ursprung des Golfstroms vor den Küsten Floridas, ist das Wasser an der Oberfläche bis zu 30 Grad Celsius warm. Nur hundert Meter darunter hat es jedoch nur noch 10 Grad. Diese Temperaturdifferenz kann man ausnutzen. Mit dem warmen Wasser an der Oberfläche kann man nämlich in einem geschlossenen Behälter Ammoniakdampf herstellen, dessen Druck ausreicht, Niederdruckturbinen zu betreiben. Den Ammoniakdampf selbst kann man dann hinter der Turbine mit dem kalten Meerwasser aus der Tiefe, das man dauernd heraufpumpt, wieder kondensieren. Das ist eine sehr elegante und inzwischen auch schon erprobte Methode, die Sonnenenergie, die das Meerwasser ja dauernd nachwärmt, zu nutzen.

Sodann haben Sie doch bestimmt schon von den berühmten Sonnenzellen gehört. Diese bestehen aus künstlich hergestellten dünnen Kristallplättchen, die bei Bestrahlung durch die Sonne eine – wenn auch nur sehr kleine – elektrische Spannung liefern. Nun kann man ja Tausende oder Millionen solcher Zellen hintereinanderschalten und bekommt dann eine sehr patente Stromquelle, die sofort Strom liefert, wenn die Sonne darauf scheint. Sie haben bestimmt schon Bilder von Weltraumsatelliten gesehen, in deren Flügel ganze Batterien solcher Sonnenzellen eingebaut sind. Sie sehen aus wie Fledermäuse. So hat beispielsweise das bekannte amerikanische Weltraumlaboratorium »Skylab« seinen ganzen Haushalt für neun Astronauten fast ein halbes Jahr lang mit solchen Sonnenzellen betrieben. Und mit ihren vielen technischen Apparaten haben sie eine Menge Strom verbraucht. Allerdings muß ich Ihnen an dieser Stelle schon sagen, daß jedes Kilowatt für den technischen Aufwand seiner Erzeugung fast eine Million Mark kostete.

Auch werden schon sonnenlichtbetriebene Hausheizungen hergestellt. Dabei muß man das ganze Dach mit einem feinen Netzwerk von dünnen, geschwärzten Rohren belegen, die das Sonnenlicht einsammeln. Immerhin kann man damit ein paar hundert Liter Wasser während des Tages bei hellem Sonnenschein ganz schön anwärmen. Das reicht allerdings nur dazu aus, um im Durchschnitt ein paar Abstriche an der Jahresölrechnung zu machen. Für unsere Breiten, wo die Sonne so selten scheint, reicht das leider nicht aus. In den Ländern der Subtropen, wo die Sonne mehr als 300 Tage im Jahr scheint, ist das schon etwas anderes. Ganze Industrien bereiten sich jetzt schon darauf vor, sonnenbetriebene Hausheizungen herzustellen und zu verkaufen. Groteskerweise wird die so gewonnene Sonnenenergie in den heißen Gegenden Amerikas dazu benutzt, Klimaanlagen für die Kühlung der Häuser zu betreiben.

Sie sehen also, daß trotz der verhältnismäßig geringen Intensität des Sonnenscheins, der jeden Quadratmeter der Erde trifft, die Nutzung der Sonnenenergie für uns Menschen eine Zukunft hat. Wenn die In-

Sonnenstrahlen-Sammler auf Hausdächern sind für die meist wolkenlosen Subtropen heute schon eine ergiebige Energiequelle. In unseren Breiten können sie uns nur ein paar Abstriche von der Heizölrechnung versprechen.

dustrienationen klug genug sind, um heute schon voraussehend in die Technik der Sonnenenergie zu investieren, könnten bis zum Jahr 2000 vielleicht bis zu 20 Prozent der Kohle und des Öls, die wir heute verbrauchen, gespart werden.

Dazu allerdings bedarf es besonderer Anstrengungen und auch der Verwirklichung sehr ehrgeiziger Pläne. Die Reißbretter der NASA-Ingenieure sind schon voll von Entwürfen für Sonnenkraftwerk-Satelliten. Man könnte das Sonnenlicht im Weltraum in riesigen Spiegeln einfangen und über Dampf Strom erzeugen. Auch hofft man bis dahin, die Fabrikation von Sonnenzellen so zu verbilligen, daß Sonnenzellensegel von der Größe eines Fußballfeldes noch wirtschaftlich rentabel produziert werden können. Dann könnte man Strom direkt herstellen. Man hat auch schon Techniken entwickelt und ausprobiert, diese Energie drahtlos zur Erde zu übertragen. Das kann mit Hilfe der sogenannten Mikrowellen geschehen, die Sie vielleicht von der Diathermie her kennen. Mit einem Diathermie-Apparat kann man ja Wärmeenergie von außen her in den Körper einstrahlen und dadurch ein bestimmtes Organ im Innern gezielt aufwärmen. Genauso wie diese Mikrowellen auch die Haut und das Gewebe des

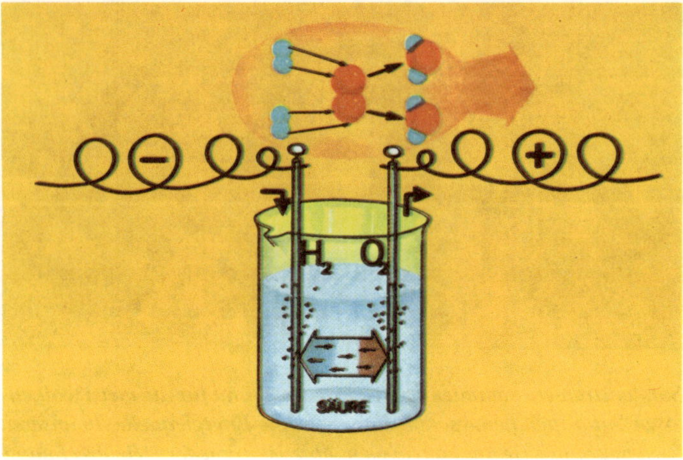

Für sonnenlose und windarme Tage kann man die eingesammelten Energien speichern, indem man im Säurebad das Wasser elektrolytisch in Sauerstoff und Wasserstoff zerlegt. Der so befreite Wasserstoff kann als Brennstoff gespeichert werden.

Körpers durchdringen, können sie – von Satelliten kommend – durch Wolken hindurch mit Hilfe großflächiger Antennen am Boden aufgefangen werden. So etwas ist durchaus machbar. Solche Verfahren der Sonnenenergiegewinnung sind freilich noch Zukunftsmusik; sie hätten aber den großen Vorteil, daß die so gewonnene Energie ohne Unterbrechung zur Verfügung stünde, da die Sonne im Weltraum ja immer scheint.

Und damit komme ich nun zum letzten Problem, das zur Beantwortung meines Briefes an Sie gehört. Der Wind weht nicht immer, und auch die Sonne scheint eben nur zwölf Stunden am Tag und auch das nur in jenen Gegenden, die meist klaren Himmel haben. Die Energieingenieure stehen daher vor dem ganz entscheidenden Problem, die Energie, wenn sie fließt, zu speichern, damit man sie in den windstillen und sonnenlosen Zeiten beliebig abrufen kann. Dabei denken Sie zunächst bestimmt an das Aufladen einer Batterie, wie Sie sie in Ih-

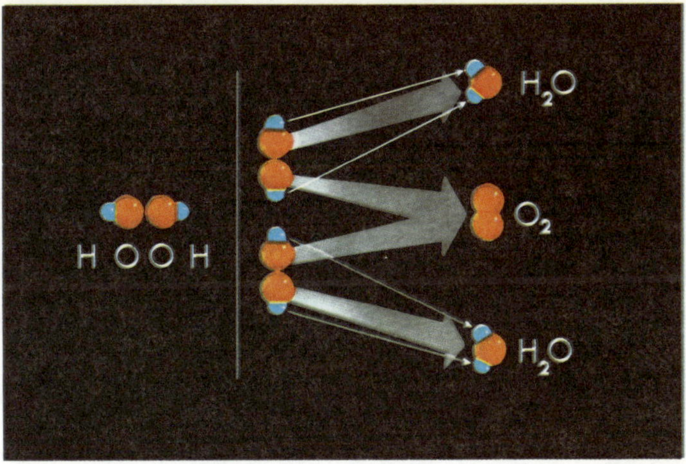

Die Energie der Sonne und des Windes kann benutzt werden, um chemisch Wasserstoff-Superoxyd zu erzeugen. H_2O_2 ist ein guter Energieträger, der bei katalytischer Zerlegung heißen Wasserdampf und reinen Sauerstoff erzeugt.

rem Auto haben. Nun bedarf es keiner großen technischen Kenntnisse, um einzusehen, daß es völlig unmöglich ist, so viele Batterien zu bauen, daß man damit den Bedarf einer Großstadt und den Betrieb einer Großindustrie für eine ganze Nacht decken kann. Es gibt aber in der Forschung heute schon erfolgversprechende Ansätze für andere Formen der Energiespeicherung. Von den vielen Möglichkeiten möchte ich Ihnen nur eine nennen. Man kann die überschüssigen Energien während der Zeiten reichen Energieangebots durch Wind und Sonne dazu benutzen, das gewöhnliche Wasser in seine chemischen Bestandteile zu zerlegen. Wenn man nämlich einen elektrischen Strom durch angesäuertes Wasser leitet, spaltet sich das Wassermolekül, und es entstehen gasförmiger Sauerstoff und gasförmiger Wasserstoff. Nun ist Wasserstoff ein sehr potenter Energieträger. So wird beispielsweise flüssiger Wasserstoff dazu benutzt, um durch Verbrennung mit Sauerstoff die letzten Stufen unserer Weltraumra-

keten anzutreiben. Und gerade in dieser Situation braucht man einen sehr konzentrierten Energieträger. Den so erzeugten Wasserstoff könnte man von den Wind- und Sonnenkraftwerken in große Behälter leiten und durch die Verbrennung des Wasserstoffs an beliebigen Stellen, weit verteilt, Dampf und damit Strom erzeugen.
Nun habe ich versucht, Ihnen über die Nutzung dieser natürlichen Energiequellen einen Überblick zu geben. Zum Schluß möchte ich noch erwähnen, welche Hoffnungen die optimistischsten Energiewissenschaftler für die Zukunft hegen. Man glaubt, daß es vielleicht möglich sein könnte, den derzeitigen Öl- und Kohleverbrauch der Vereinigten Staaten auf die Hälfte des dann anfallenden Bedarfs herunterzudrücken. Man hofft, daß vielleicht 30% durch geschickte Nutzung der Sonnenenergie und durch den Ausbau der Wasserkraftwerke gedeckt werden können. Die restlichen 20% des Energiebedarfs müssen auch dann noch von Atomkraftwerken erzeugt werden. Bei diesen Zahlen wollen Sie bedenken, daß es sich um die Vereinigten Staaten handelt, die sich immer dadurch ausgezeichnet haben, technische Neuheiten mit großem Einsatz zu forcieren. Die Industrienationen Europas würden sich schwer tun, die gleichen Zahlen bis zum Jahr 2000 zu erreichen.
Jetzt verstehen Sie vielleicht auch die Hartnäckigkeit, mit der unsere heutige Regierung, unterstützt durch die Fachleute der Wirtschaft, auf den Bau neuer Kernkraftwerke drängt. So schön und so natürlich, so umweltfreundlich und ideal die Nutzung der Energie der Sonne und des Windes auch scheinen mag – es ist unmöglich, daß wir diese Umstellung schaffen können, ohne unsere ganze Wirtschaft auf den Kopf zu stellen und damit praktisch zu zerstören.
Es ist sehr naiv gedacht, wenn man sagt, daß die Energie des Windes und der Sonne nichts kostet. Ihre Umwandlung in elektrischen Strom ist keineswegs umsonst. Es bedarf dazu sehr kostspieliger Forschung und Entwicklung. Inzwischen muß unsere Industrie ja weitergehen und produzieren, wenn wir nicht in eine große Krise hineinsteuern wollen. Die Dinge sind heute ja schon kritisch genug. So können wir nur einen begrenzten Betrag unserer Mittel in die Entwicklung der »kostenlosen« Energie der Sonne und des Windes investieren. Wenn wir heute Windtürme und Sonnenkraftwerke errichten, Häuser mit Sonnenheizung und sogar Energiesatelliten bauen würden, müßten wir für die Kilowattstunde aus diesen Energiequellen das zehnfache bezahlen, was uns heute das mit Kohle, Öl oder Atomkraft betrie-

bene Elektrizitätswerk berechnet. Es ist unmöglich, die gesamte Weltwirtschaft von heute auf morgen auf diese neuen Energiequellen umzustellen.

Ich habe Ihnen bereits erläutert, daß unter den von Ihnen genannten sauberen Energiequellen nur der Wind und die Sonne auf die Dauer eine Chance haben. Aber mehr als 20 oder 30% unseres Energiebedarfs bis in das nächste Jahrhundert hinein stecken wohl nicht darin. Das ist auch der Grund, weshalb ein großer Teil der Anstrengungen der Wissenschaftler und Techniker auf dem Energiesektor auf eine andere Energiequelle gerichtet ist, nämlich die Kernfusion. Das ist die echte Urkraft der Natur, die selbst die Sonnenenergie speist. Bei den Temperaturen bis zu 20 Millionen Grad nämlich, die im Kern der Sonne herrschen, verschmelzen die Kerne der Atome und geben dabei gewaltige Energien ab. Darin steckt vielleicht die größte Hoffnung der Menschheit, bei ihrer stets wachsenden Bevölkerungszahl auch noch das Ende des nächsten Jahrhunderts ohne Katastrophe zu überleben. Um Ihnen das freilich zu erläutern, müßte ich mindestens noch zwei weitere Briefe schreiben. Ich möchte nur noch sagen, daß wir damit die eigentliche Sonnenenergie, von der nämlich der Sonnenschein selber herstammt, unmittelbar nutzen würden. Das wäre dann die ideale Energiequelle, die uns vieler Sorgen entheben würde.

Ich hoffe, Ihnen in diesem Brief hinreichend Auskunft zu einem so vieldiskutierten Thema gegeben zu haben, und verbleibe mit freundlichen Grüßen

Ihr

Heinz Haber

5

Sehr geehrter Herr Professor Haber!

In den Zeitungen lese ich soviel über die Laserkanone. Auch sehe ich immer wieder in den Science-Fiction-Filmen Astronauten der Zukunft, die eine Laserpistole aus der Tasche ziehen und ihren Gegner mit einem dünnen scharfen Lichtstrahl lautlos erledigen. Gibt es so etwas überhaupt? Es hat auch früher schon sehr starke Lichtquellen gegeben, deren Strahl man doch nur mit einem Brennglas zusammenziehen mußte. Als Kinder haben wir schon mit Brenngläsern Papier angezündet und schwarze Löcher in Holz gebrannt. Kürzlich habe ich außerdem gelesen, daß man jetzt Laser als Waffen entwickeln will und daß man damit sogar Atombomben zünden könnte. Ein Freund hat mir gesagt, daß ein Laserstrahl gar kein richtiges Licht sei. Ich würde mich sehr freuen, wenn Sie mir darüber Auskunft geben könnten.
Mit herzlichem Dank für Ihre Mühe und bestem Gruß

Ihr

Eberhard E.

Die Laserkanone

Sehr geehrter Herr E.!

Mit Ihrem Brief, für den ich Ihnen danke, haben Sie im wesentlichen recht. Ein Laserstrahl ist in der Tat eine ganz besondere Art von Licht, das man erst seit knapp 20 Jahren herstellen kann. Es ist auch richtig, daß man die Energie eines Laserstrahls auf einen winzigen Punkt konzentrieren kann, an dem kurzfristig eine sehr hohe Temperatur entsteht. Man könnte auch Atombomben mit Hilfe von Laserstrahlen zünden. Das hat man allerdings noch nicht gemacht, da die bisher benutzten Zünder sehr viel einfacher herzustellen sind. Man könnte mit der heutigen Technik auch eine Laserkanone für die Astronauten des Raumschiffes »Orion« bauen; allerdings wäre es schwierig, sie so klein zu machen, daß man sie in die Hosentasche stecken könnte. Ein Laserstrahl hat auch noch andere Eigenschaften, die Sie in Ihrem Brief nicht erwähnt haben. Man kann einen Laserstrahl zur Übertragung von Ferngesprächen und Fernsehprogrammen benutzen, wobei ein einziger Laserstrahl genügen würde, um sämtliche Telefongespräche und alle Fernsehprogramme der Welt gleichzeitig zu übertragen. Auch werden Laserstrahlen schon in Kliniken benutzt, um eine abgelöste Netzhaut wieder am Augenhintergrund anzuschweißen oder um Gehirntumoren punktförmig wegzubrennen. Und das allerneueste: Laserstrahlen sind heute das aussichtsreichste Werkzeug, um im Laboratorium die friedliche Energiegewinnung aus der Kernverschmelzung zu meistern.

Um Ihnen das alles sinnvoll zu erläutern, muß ich allerdings einen größeren Bogen durch die moderne Physik schlagen. Das soll nicht heißen, daß man das Wesen eines Laserstrahls etwa nur dann begreifen könnte, wenn man mehrere Semester Physik studiert hat. Freilich müssen wir uns mit dem Aufbau der Atome beschäftigen und uns vor Augen halten, wie ein Lichtblitz überhaupt entsteht. Wenn man sich die Mühe macht, diese Dinge einmal näher zu verfolgen, wird man erkennen, daß der Laser wirklich eine ganz erstaunliche Erfindung ist.

Der Laserstrahl ist eine der bedeutendsten Nachkriegserfindungen und hat mit seinen ausgefallenen Eigenschaften eigentlich alle Wissenschaftler überrascht. Der erste Laser wurde von dem amerikanischen Physiker Dr. Theodore Maiman im Jahr 1960 in einem Industrielaboratorium der amerikanischen Flugzeugfabrik Hughes entwickelt. Wenn man an die tausendfältigen Anwendungsmöglichkeiten des Lasers denkt, muß sich jeder Wissenschaftler wundern, weshalb Dr. Maiman nicht schon lange den Nobelpreis für Physik erhalten hat. Aber vielleicht beginne ich erst einmal damit, die Bezeichnung »Laser« zu erklären.

Der Name »Laser« gehört zu der jüngst modern gewordenen Wortstenographie. Bestimmt kennen Sie die Bezeichnung »NASA« für die amerikanische Weltraumbehörde. Dieses Wort ist eine Abkürzung von »*N*ational *A*eronautics and *S*pace *A*dministration« (Nationale Aeronautische und Raumbehörde). Man hat dabei nur die Anfangsbuchstaben der wichtigsten Worte genommen und daraus NASA gemacht. Auch in Deutschland ist diese Wortstenographie gebräuchlich geworden. Sie kennen bestimmt die IGA, die »*I*nternationale *G*artenbau-*A*usstellung«, die alle zwei Jahre in einer andern deutschen Stadt abgehalten wird.

Laser ist nun das Wortkürzel für »*L*ight *A*mplification by *S*timulated *E*mission of *R*adiation«. Zu deutsch heißt das: Lichtverstärkung durch angeregte Abgabe von Strahlung. Damit habe ich Ihnen eigentlich schon das Programm meiner Erläuterungen für das Wesen des Lasers zusammengestellt. Zunächst einmal müssen wir uns klarmachen, was Licht überhaupt ist. Den Begriff Verstärker kennen Sie ja; was aber heißt »angeregte Abgabe«? Für eine sinnnvolle Erläuterung dieses Begriffs muß ich Ihnen den Aufbau der Atome schildern und beschreiben, daß Atome wie winzige Radioempfänger und -sen-

Der amerikanische Physiker Dr. Theodore Maiman, der Erfinder des »LASER«.

der Lichtsignale empfangen, speichern und wieder aussenden können. Aus diesem Grund kann man sie auch zur Abgabe von Strahlung anregen.
Das Licht gehört, zusammen mit den Radiowellen, den Trägerwellen des Fernsehens und den Röntgenstrahlen, zu der Familie der sogenannten elektromagnetischen Wellen. Wellen dieser Art entstehen, wenn man elektrisch geladene Teilchen in Bewegung setzt. In der Antenne eines Radiosenders zum Beispiel werden elektrische Ladungen mit einer sehr großen Schwingungszahl regelmäßig hin- und hergepumpt, und als Folge dieser heftigen Hin- und -her-Bewegung strahlt die Antenne dann eine Radiowelle aus. Eine solche Ausstrahlung besteht aus einem langgestreckten Zug von ineinander verschlungenen elektrischen und magnetischen Wechselfeldern, die sich stets gegenseitig immer wieder neu bilden und sich dabei mit Lichtgeschwindigkeit ausbreiten. Das ist das Beste, was ich Ihnen zu einer Radiowelle sagen kann, ohne daß ich Sie in das Gestrüpp der theoretischen Physik führen muß oder gar gezwungen wäre, mathematische Formeln zu benutzen. Wichtig ist nur zu wissen, daß eine elektromagnetische Welle sich geradlinig nach allen Seiten ausbreitet und dabei mit der Entfernung natürlich immer schwächer wird.
Diese Ausbreitung erfolgt mit der unvorstellbaren Geschwindigkeit von 300 000 Kilometer pro Sekunde. In knapp mehr als einer Sekunde ist ein solches elektromagnetisches Signal bereits auf dem Mond. Diese gemeinsame Ausbreitungsgeschwindigkeit aller elektromagnetischen Wellen nennt man Lichtgeschwindigkeit, da auch das Licht zu dieser Wellenfamilie gehört. Die einzelnen Mitglieder dieser Familie unterscheiden sich nur durch die Wellenlänge oder auch durch die Anzahl der Schwingungen, die das elektromagnetische Feld bei seiner Ausbreitung in jeder Sekunde ausführt. Radiowellen und die Trägerwellen des Fernsehens schwingen ziemlich langsam und haben Wellenlängen von Hunderten von Meter bis hinunter zu wenigen Zentimetern und Bruchteilen von Millimetern. Für solche Wellen haben wir keine Sinnesorgane, und wir sind uns deshalb überhaupt nicht bewußt, daß wir tagaus, tagein von den Wellen von Hunderten von Radio- und Fernsehprogrammen durchstrahlt werden. Erst wenn die Wellenlängen etwa ein Tausendstel Millimeter kurz werden, empfinden wir sie als Wärmestrahlung, wie etwa von einem heißen Ofen oder von einer Heizplatte. Wenn die Wellen dann noch kürzer werden, beginnt unser Auge darauf zu reagieren, wobei

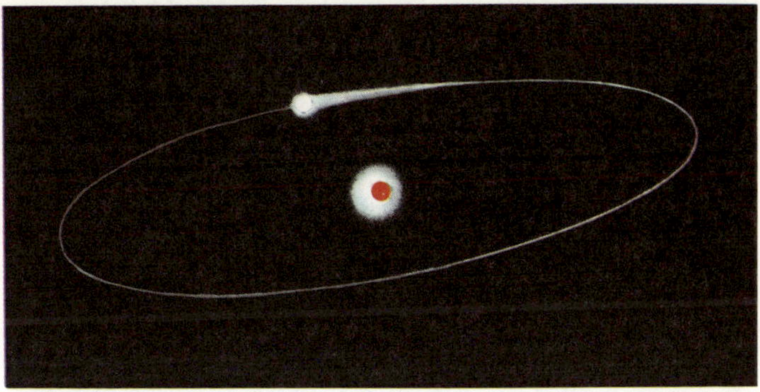

Graphische Darstellung des Wasserstoffatoms: Im Zentrum steht das positiv geladene Proton, das von einem gleich stark geladenen negativ geladenen Elektron umkreist wird; letzteres ist fast 2000mal leichter als das Proton.

das rote Licht die längsten Wellenlängen besitzt, die unser Auge registrieren kann. Quer durch die Farben des Regenbogens hindurch werden die Wellenlängen des Lichtes immer kürzer bis hin zum violetten Ende, wo wir die kürzesten Lichtwellenlängen haben. In diesem Bereich wird die elektromagnetische Strahlung »sichtbar«, und daher nennen wir eine solche Strahlung Licht. Denn jenseits von Violett registriert unser Auge die elektromagnetische Strahlung nicht mehr. Bei noch kürzeren Wellen sprechen wir daher von »ultravioletter« Strahlung. Es gibt nun noch Strahlenarten, die noch kürzere Wellenlängen haben, die wir auch nicht mehr zu sehen oder zu empfinden vermögen – das sind dann die Röntgenstrahlen.

Wann immer auch nur eine Art von Strahlung, das heißt irgendein Mitglied der elektromagnetischen Wellenfamilie, erzeugt wird, müssen sich elektrische Ladungen bewegen. Je schneller diese Bewegung ist, um so kürzer werden die Wellenlängen der ausgesandten Strahlen. Da die Wellen als sichtbares Licht nur einige zehntausendstel Millimeter lang sind, müssen sich diese elektrischen Ladungen schon sehr sehr schnell bewegen; das kann nur im Innern von Atomen geschehen. Jetzt sehen Sie auch, warum ich bei der Erläuterung der Geburt eines Lichtblitzes vom inneren Aufbau der Atome reden muß. Auch können Sie jetzt schon begreifen, daß ein Atom gar keinen Lichtblitz hervorbringen könnte, wenn sich in ihm keine elektrischen Ladungen befänden.

Nun kann ich Ihnen ja für die Beantwortung Ihres Briefes kein ganzes Lehrbuch der Atomphysik schreiben, und ich möchte mich daher kurz fassen. So möchte ich zunächst nur über das einfachste Atom der Natur, das Wasserstoffatom, reden. Es besteht nämlich nur aus zwei elektrischen Ladungsträgern, wovon der eine positiv und der andere negativ elektrisch geladen ist. Das muß so sein, denn ein normales Wasserstoffatom wirkt ja nach außen hin elektrisch neutral. Die beiden Ladungsträger sind nun winzig klein: etwa 50000mal kleiner im Durchmesser als das Atom selber. Dem positiv geladenen Teilchen hat man den Namen »Proton« gegeben; das negativ geladene Teilchen heißt »Elektron«. Außer einer entgegengesetzten Ladung gibt es noch einen anderen bedeutenden Unterschied zwischen ihnen: Das positive Proton ist fast 2000mal schwerer als das negative Elektron.

Nun wissen Sie ja, daß zwei entgegengesetzt geladene Teilchen sich anziehen. Und da nun ein Wasserstoffatom aus solchen Ladungen besteht, wie können wir dann verhindern, daß die beiden Ladungsträger aufeinander zufliegen und verschmelzen? Um diese Schwierigkeit zu beseitigen, hat der dänische Physiker Niels Bohr schon Anfang des Jahrhunderts eine brillante Idee gehabt, als er das nach ihm benannte »Modell« des Wasserstoffatoms entwarf. Als Vorbild hat er dazu unser Sonnensystem genommen. Erde und Sonne ziehen sich mit ihrer Schwerkraft ja auch an, und trotzdem fällt die Erde nicht auf die Sonne. Das liegt natürlich daran, daß sie sich längs ihrer fast kreisförmigen Bahn dauernd um die Sonne dreht. Dadurch entsteht eine nach außen ziehende Zentrifugalkraft, die der Schwerkraft genau die Waage hält und verhindert, daß die Erde auf die Sonne stürzt. Genauso wie vor 300 Jahren der englische Physiker Isaac Newton die Bahn der Erde um die Sonne berechnet hat, berechnete auch Bohr das Wasserstoffatom – ein winziges Sonnensystem, bestehend aus einer schweren Protonensonne in der Mitte und aus einem leichten Elektronenplaneten, der es mit rasender Geschwindigkeit dauernd umkreist.

Nun haben Sie also das einfachste Atom vor sich, und ich muß Ihnen jetzt nur noch erläutern, weshalb dieses Atom wie ein kleines Radio elektromagnetische Wellen empfangen und wie ein winziger Sender eine elektromagnetische Welle, einen Lichtblitz, aussenden kann. Jetzt sollten Sie nur noch wissen, daß zwischen dem atomaren Sonnensystem und dem großen Planetensystem im Weltall ein ganz entscheidender Unterschied besteht: Die Erde nämlich könnte in jeder beliebigen Entfernung die Sonne umkreisen. Ein Elektron kann das nicht. Im Normalzustand, nämlich wenn der Wasserstoff kalt genug ist, befindet sich das Elektron auf einer sehr engen Bahn um das Proton. Es stehen dem Elektron auch noch andere Bahnen zur Verfügung, deren Durchmesser schrittweise immer größer werden, allerdings eben nur schrittweise. Es ist ein wichtiges Gesetz der Atomphysik, daß ein Elektron im Atomverband nur ganz bestimmte Bahnen zur Verfügung hat, die wie die Sprossen einer Leiter auseinanderstehen. Zwischen den Sprossen gibt es für das Elektron keine Bahnen.

Je höher nun die Bahn ist, in der ein Elektron sich um den Kern bewegt, um so mehr Energie besitzt es. Als Ganzes gesehen entspricht ein Atom dann daher einer Feder, die man stufenweise spannen und einrasten kann, ähnlich wie beim Spanner einer Skibindung.

Nehmen wir nun einmal an, ein Atom befindet sich auf der Spannungsstufe »2«; dann bewegt sich das Elektron auf seiner zweiten Bahn. Nach der unvorstellbar kurzen Zeit von ein paar hundertmillionstel Sekunden springt es dann von selbst in den Normalzustand zurück. Bei diesem Elektronensprung gibt es einen winzigen Energiebetrag ab, der als ein Lichtblitz mit Lichtgeschwindigkeit das Weite sucht. Das Atom hat somit als Sender gewirkt.

Damit das Atom einen solchen Lichtblitz ausstrahlen kann, muß sein Elektron erst einmal auf eine höhere Bahn gehoben werden. Aus dem bisher Gesagten wird deutlich, daß man dabei dem Atom Energie zuführen muß. Das kann nun dadurch geschehen, daß man dem Atom einen Lichtblitz von genau vorgeschriebener Energie zustrahlt, den es dann »verschluckt«, und dabei sein Elektron auf eine höhere Bahn hebt. Nun hat das Atom als Empfänger gewirkt und ist bereit, fast eine milliardstel Sekunde später den »verschluckten« Lichtblitz wieder »auszuspucken«.

Nun haben wir es bei den natürlichen Stoffen stets mit einer ungeheuren Zahl von Atomen zu tun. Entweder fliegen sie als Gasteilchen regellos im Raum durcheinander, wobei sie vielfach miteinander zusammenstoßen; oder sie kleben in einer Flüssigkeit aneinander oder

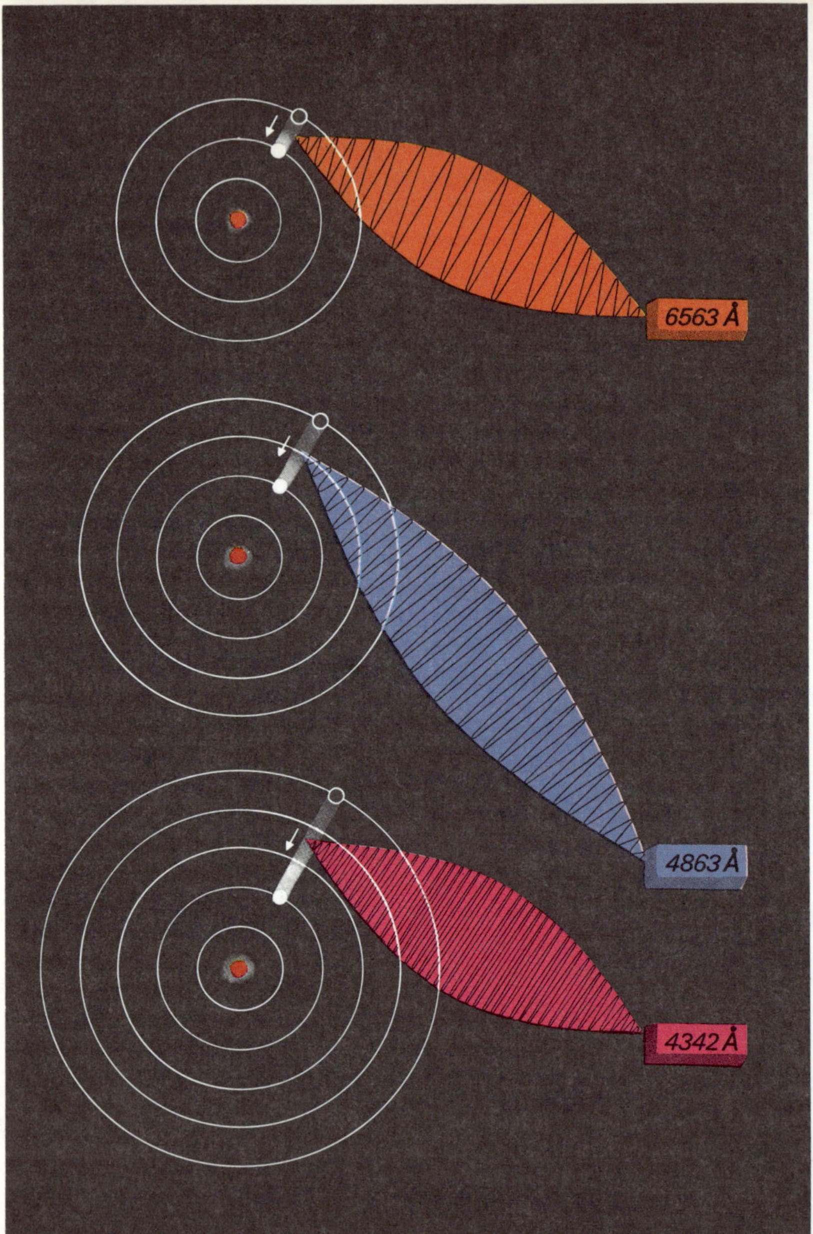

6563 Å
4863 Å
4342 Å

sind auch in einem festen Körper unverrückbar miteinander verbunden. Diese Atomansammlungen kann man nun ganz leicht durch Erhitzung aufeinander wirken lassen. Bei steigender Temperatur nämlich wird die Bewegung der Atome gegeneinander immer heftiger, sie prallen mit immer größerer Kraft zusammen, so daß sie bei diesen Stößen jeweils ausreichende Energien von ihren Partnern empfangen. Oberhalb einer bestimmten Temperatur reicht die Energie der Zusammenstöße aus, um ihre Elektronen in höhere Bahnen zu heben. Die Elektronen fallen dann wieder zurück und strahlen ihre Lichtblitze aus. Das ist der Grund, weshalb ein genügend stark erhitzter Körper zu leuchten beginnt.
Übrigens, wenn elektrischer Strom fließt, bewegen sich die Elektronen längs des Drahtes. Man kann auch die Elektronen im Innern einer Glasröhre mit Hilfe einer elektrischen Spannung in schnelle Bewegungen versetzen. Bei solchen Gasentladungen werden dann die Gasatome von den Elektronen so heftig getroffen, daß die Atomelektronen auch in höhere Bahnen gehoben werden können. Jetzt können Sie sich auch erklären, weshalb es Leuchtröhren gibt, bei denen Milliarden von Gasatomen durch Stöße mit schnell fliegenden äußeren Elektronen eine entsprechende Energie aufnehmen und als Milliarden von Lichtblitzen dauernd wieder abstrahlen.
Es gibt nun einen physikalischen Ausdruck für den Vorgang, wenn ein Elektron auf eine höhere Bahn gehoben wird. Man sagt, daß das Atom »angeregt« worden ist. Sie werden sich erinnern, daß das Wort »Anregung« bereits in meiner Erläuterung des Ausdrucks »Laser« vorkam. Damit sind wir dem Verständnis des Lasers schon einen bedeutenden Schritt näher gekommen, und ich hoffe, daß Sie die Ge-

Beim Sprung des Elektrons von der dritten auf die zweite Bahn (oben) in der Elektronenhülle eines Wasserstoffatoms wird langwelliges Rotlicht ausgestrahlt.
Bei einem Sprung von der vierten auf die zweite Bahn (Mitte) ist die Energiedifferenz größer, das Lichtquant wird energiereicher und die Wellenlänge kürzer: Es entsteht blaues Licht.
Beim Sprung von der fünften auf die zweite Bahn (unten) entsteht violettes Licht. Auf diese Weise ergibt sich der sichtbare Teil des Wasserstoffspektrums.

duld noch nicht verloren haben. Nun bin ich bisher lediglich auf Wasserstoffatome eingegangen, und diese sind keineswegs die einzigen Atomsorten auf der Inventarliste der Chemiker. Insgesamt gibt es 92 verschiedene Elemente, und jedes besteht aus einer bestimmten Atomart. Der Unterschied zwischen ihnen liegt im Aufbau des Atomkerns, der beim Wasserstoffatom ja nur aus einem einzelnen Proton besteht. Die schwereren Elemente besitzen mehrere Protonen in ihrem Kern, der daher auch mehrfach positiv geladen ist. So haben wir beim Atom des Elementes Sauerstoff acht positive Protonen im Kern, deren Ladung acht kreisende negative Elektronen entsprechen. Hier haben wir jetzt schon ein richtiges Planetensystem. Das geht bis zu den schwersten der natürlichen Atome, dem Uranatom, das nicht weniger als 92 Protonen in seinem Kern aufweist und von 92 Elektronen umkreist wird. Aber auch bei all diesen komplexen Atomen gilt dieselbe Regel, daß die Elektronen nur in stufenförmig angeordneten Kreisbahnen um den Kern laufen. Auch sie können von Bahn zu Bahn springen und jeweils Lichtblitze von bestimmten Energien aufnehmen oder abgeben.

Nun haben wir ja gesehen, daß ein Elektron auf einer höheren Bahn nur eine unglaublich kurze Zeit verweilt. Schon nach ein paar milliardstel Sekunden springt es in eine tiefere Bahn zurück und sendet seinen Lichtblitz aus. Das ist der Grund, weshalb ein leuchtender Körper – sei es ein Gas in einer Leuchtröhre oder ein Strom flüssigen Eisens oder der Leuchtfaden in einer Glühbirne – ein regelloses Gewirr von Lichtblitzen verschiedenster Wellenlängen ausstrahlt. Das ist unser gewöhnliches Licht: Ein ungeordnetes Gemisch von unvorstellbar schnell aufeinanderfolgenden Lichtblitzen, die sich nach allen Seiten um den leuchtenden Körper herum ausbreiten.

Vor der Erfindung des Lasers war es nicht möglich, die Prozesse der Lichterzeugung durch ein Atom zu steuern. Man konnte Atome nur anregen, und dann war man darauf angewiesen, daß sie die gespeicherte Energie nach kürzester Zeit, so wie es der Beschaffenheit der Atome eben entsprach, wieder ausstrahlten. Mit dem Trick des Lasers ist es gelungen, in bestimmten Fällen diese atomaren Ausstrahlungsprozesse in den Griff zu bekommen und zu steuern. Um das zu verdeutlichen, muß ich Sie in die Tiefen des Weltalls führen.

An vielen Stellen innerhalb unserer Milchstraße gibt es im freien Weltraum sehr dünn verteilte Gaswolken, deren Atome von dem heißen Licht benachbarter Sterne durch Elektronensprünge zum

Leuchten angeregt werden. Schon im vorigen Jahrhundert begann man, das Licht dieser Gaswolken zu studieren. Dabei stellte man fest, daß von diesen Gaswolken Lichtwellenlängen ausgestrahlt wurden, die man im Laboratorium nicht herstellen konnte. Das war Licht von so fremdartigen Wellenlängen, daß man lange Zeit glaubte, ihre Quelle sei ein auf der Erde nicht existierendes chemisches Element. Wissenschaftler sind nun immer sehr schnell bereit, auch unverstandenen Dingen einen Namen zu geben. So nannte man dieses unbekannte chemische Element »Nebulium«, das heißt Nebelstoff. Im Jahr 1929 schließlich hat der amerikanische Physiker Ira Bowen gezeigt, daß Nebulium in Wirklichkeit ganz gewöhnliche Luft ist. Wenn man nämlich elektrisch geladene Atome des Stickstoffs und des Sauerstoffs in den unvorstellbar dünn verteilten Gasen in einem Weltraumnebel zum Strahlen bringt, sind sie imstande, Nebuliumlicht auszustrahlen.

Des Rätsels Lösung bestand darin, daß Elektronen in bestimmten höheren Bahnen im Gegensatz zum normalen Ablauf nicht sofort in eine tiefere Bahn zurückspringen, sondern bis zu einer Sekunde oder noch mehr darin verweilen. Der angeregte Zustand dieser Atome dauerte fast hundertmillionenmal länger. Versuchen Sie sich bitte einmal klarzumachen, was das heißt. Ein angeregtes Atom kann man dann mit einem ziemlich unstabilen Kartenhaus vergleichen, das nach einer Sekunde wieder zusammenfällt. Die angeregten Zustände,die Dr. Bowen im Weltall entdeckt hat, gleichen demnach Kartenhäusern, die erst nach mehreren Jahren zusammenstürzen. Wenn sie das schließlich tun, strahlen sie Nebuliumlicht aus. Jetzt verstehen Sie auch, weshalb wir Nebuliumlicht in einer Leuchtröhre im Laboratorium nicht herstellen können. Auch bei sehr verdünnten Gasen befinden sich immer noch so viele Atome in unserer Leuchtröhre, daß ein Atom spätestens nach einer tausendstel Sekunde von einem anderen Atom angestoßen und damit zu einem unfreiwilligen Elektronensprung veranlaßt wird. Wenn ein Elektron sich in einer so ausgefallenen Bahn befindet, daß es dort hundertmilliardenmal länger verharren kann als üblich, spricht man davon, daß sich das Atom in einem »metastabil« angeregten Zustand befindet.

Dr. Maiman hat nun entdeckt, daß wir solche metastabilen Atomzustände dennoch im Laboratorium erzeugen können, und hat damit die phantastische Erfindung des Lasers gemacht. Am Beginn seiner Entdeckung stand ein Rubinkristall. Sie haben bestimmt schon von

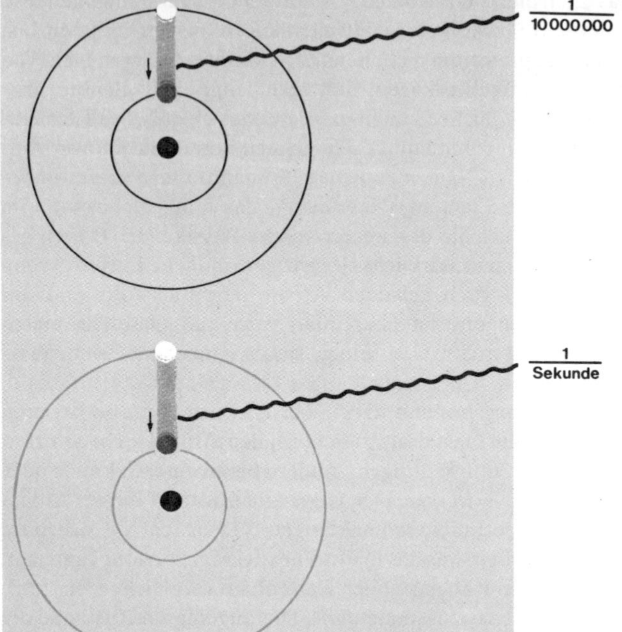

$\frac{1}{10000000}$
$\frac{1}{\text{Sekunde}}$
nach Anstoß

dem Mineral Korund gehört. Nach dem Diamant ist dies die zweithärteste Substanz, ein Kristall, in dem je zwei Aluminiumatome mit je drei Sauerstoffatomen ein regelmäßiges Gerüst bilden. Nun kommt es in der Natur vor, daß im Innern solcher Korundkristalle an regellos verteilten Stellen ein Aluminium-Atom durch ein Chrom-Atom ersetzt ist. Dann ist aus dem gewöhnlichen Korund der Halbedelstein Rubin geworden, der ja eine blutrote Farbe besitzt. In einem Rubinkristall kann ein solches Chrom-Atom zu einem metastabilen Zustand angeregt werden.

Nun haben Sie vorhin gesehen, daß man Atome durch Bestrahlung mit Licht anregen kann. Wenn man also einen Rubinkristall sehr stark beleuchtet, werden zahllose Chrom-Atome in dem Verband durch Lichtabsorption auf diesen metastabilen Zustand angeregt und behalten diese Energie zunächst bei sich. Irgendwann einmal jedoch wird ein solches Chrom-Atom seinen Lichtblitz abgeben, und dann setzt dieser ungeheure Trick ein. Wenn der Lichtblitz dann an einem anderen metastabilen Chrom-Atom vorbeisaust, wirkt das wie der Abzug an einer Pistole. Dieses Atom sendet dann auch seinen Lichtblitz ab, und nun haben wir schon zwei Lichtblitze, die durch den Kristall rasen. Die Lichtblitze bilden dann eine steil ansteigende Lawine von weiteren Lichtblitzen. Da diese Strahlen den kleinen Kristall mit Lichtgeschwindigkeit durchrasen, sind es Billiarden und Trilliarden von Chrom-Atomen, die in unglaublich kurzer Zeit die aufgestaute Energie abgeben und dadurch einen gewaltig verstärkten Lichtstoß abgeben.

In einer meiner Fernsehsendungen über den Laser habe ich das an einem einfachen Modell dargestellt. Mein Modellbauer hatte fünf Pistolen aufgebaut, die Pfeile mit einem kleinen Gummiteller an der Spitze abschossen. Diese Pfeile hafteten dann auf der Zielscheibe.

Nach der normalen Anregung eines Bahnelektrons verweilt dieses im Schnitt nur eine zehnmillionstel Sekunde in einer höheren Bahn (oben). Bei einem metastabilen Zustand kann die Verweilzeit des Elektrons bis zu einer ganzen Sekunde betragen (Mitte). Nach dem Laserprinzip kann ein gleichwelliger Strahl das Elektron in einer metastabilen Bahn zur Abstrahlung anregen, wobei sich der anregende Strahl verstärkt (unten).

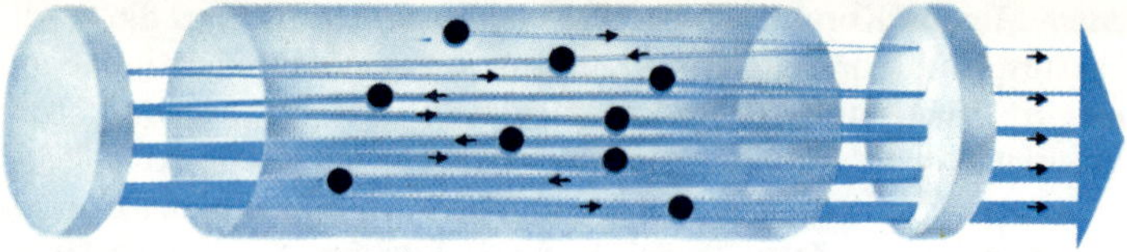

Beim Verstärkerprinzip in einem Laserkristall oder in einer Laserröhre kitzelt ein einmal ausgelöster Lichtstrahl (oben Mitte) nach mehrfacher Reflektion an den spiegelnden Endflächen lawinenartig weitere Lichtstrahlen aus den »hochgepumpten« metastabilen Atomen heraus. Der Spiegel links ist voll versilbert, während der Endspiegel rechts halbdurchlässig ist, so daß die aufgesammelte Lichtenergie nach rechts hinausgeschossen wird.

Die Pfeile in den Pistolen waren dabei hintereinandergeschaltet, mit dünnen Schnüren versehen, die mit dem Abzug der jeweils nächsten Pistole verbunden waren. Ich brauchte dann nur die erste Pistole abzuschießen, und lawinenartig wurden die anderen vier Pistolen abgezogen – fünf Pfeile trafen fast gleichzeitig die Zielscheibe. So funktioniert ein Laserkristall.

Beim Bau seines ersten Rubinlasers hat Dr. Maiman noch einen besonders gerissenen Trick angewandt. Sein Rubinkristall bestand aus einem vier Zentimeter langen runden Stab, bei dem das eine Ende verspiegelt war. Das andere Ende war nur dünn versilbert, so daß ein Strahl, der aus dem Innern des Rubinkristalls längs der Achse herausschoß, etwa mit der Hälfte seiner Energie zurückreflektiert wurde. Das erfolgte auch mit allen anderen Strahlen, die in dem Rubin erzeugt wurden. Sie sausten viele tausend Male innerhalb des Stabes zwischen den Enden hin und her, wobei an dem schwach versilberten Ende jeweils die Hälfte entwich. Dadurch wurden alle metastabil angeregten Chrom-Atome in dem Kristall in unglaublich kurzer Zeit völlig ausgeräumt. Die Lichtverstärkung war dadurch ungeheuer groß.

Am Ende stellte sich heraus, daß der Bau eines solchen Rubinlasers überhaupt kein Kunststück war. Man brauchte nur einen Rubinkristall an den Enden sauber abzuschleifen, ihn auf der einen Seite voll

zu verspiegeln und auf der anderen Seite halb durchsichtig zu versilbern. Dann mußte der Kristall mit einer wendelförmigen Blitzlampe umgeben werden. Diese braucht dann nur gezündet zu werden, und Billiarden von Chrom-Atomen werden in den metastabilen Zustand »hochgepumpt«. Unter ihnen befindet sich bestimmt ein Atom, das »freiwillig« den ersten Elektronensprung macht und damit die gewaltige Lichtlawine in Gang setzt.
Es hat nur ein paar Wochen gedauert, bis nach der Erfindung Dr. Maimans der Laser in Hunderten von Laboratorien der ganzen Welt nachgebaut wurde, wo er genauso zauberhaft funktionierte und seine blutroten Lichtblitze abgab. Beim Entwurf seines Lasers hatte Dr. Maimann allerdings ein Vorbild: den amerikanischen Physiker Charles Townes, der dasselbe Verstärkerprinzip bereits mit Mikrowellen im Rundfunk und Fernsehen verwirklichte. Entsprechend nannte man diesen Verstärker »Maser«, das heißt Mikrowellenverstärker durch angeregte Abgabe von Strahlen. Der Anwendungsbereich des Lasers übersteigt jedoch bei weitem den Nutzen eines Masers, und daher war der Laser eine echte Sensation.
Ein Kristall-Laser hat allerdings den Nachteil, daß er nur einen ganz kurzen Laserblitz von einer millionstel oder sogar nur von einer milliardstel Sekunde abgeben kann. Bereits ein Vierteljahr später hat Dr. Maiman entdeckt, daß in der Mischung von Edelgasen – wie etwa von Helium und Neon in einem ganz bestimmten Verhältnis – das Neon auch die erforderlichen metastabilen Zustände zur Wirkung bringen kann. Nun kann man ein solches Gasgemisch wie in einer Neonröhre durch einen Elektronenstrom dauernd anregen, so daß die metastabilen Zustände des Neons laufend nachgefüllt werden, was bedeutet, daß ein solches Gasgemisch dann auch zu »lasern« imstande ist. Derartige Gaslaser sind dann in großer Zahl gebaut worden; sie senden einen dauernden, ununterbrochenen Laserstrahl aus und stehen damit im Gegensatz zu den Kristall-Lasern, die man nur »abblitzen« kann.
Der Ausdruck »Laser« ist ja das Wortkürzel von »Lichtverstärkung durch angeregte Abgabe von Strahlung«. Jetzt bin ich mit meinen Erläuterungen soweit, daß Sie den Sinn dieses Wortkürzels überschauen können: Ein anfänglicher Strahl im Innern eines »aufgepumpten« Laserkristalls regt bei seinem schnellen Weg durch das Kristallgefüge andere Atome an, ihrerseits Strahlung abzugeben. Das Wort Laser beschreibt eigentlich nur den Ablauf einer Lichtlawine, bei der der

ursprüngliche Strahl um ein Milliardenfaches oder noch mehr verstärkt wird. Welche besondere Bedeutung hat aber dieser Effekt? Sie kennen das Prinzip von der Erhaltung der Energie. In den blutroten Laserstrahlen, die aus dem Laserkristall herausschießen, kann ja in ihrer Summe nicht mehr Energie enthalten sein, als die wendelförmige Blitzlampe selbst ausgestrahlt hat. Könnte man dann den Lichtblitz dieser Lampe nicht gleich benutzen? Nun, die Blitzlichtlampe sendet ja nur »natürliches« Licht aus – Laserlicht ist aber ein ganz besonderer Saft. Weshalb?
Zuvor hatte ich Ihnen schon erzählt, daß natürliches Licht aus einem regellosen Gewirr von Lichtblitzen der verschiedensten Wellenlängen besteht. Was immer wir auch mit einem Lichtbündel machen, dieses heillose Gewirr werden wir nie los. So hat es die Optiker unter den Physikern immer schon geärgert, daß es ihnen nie so recht gelungen ist, ein paralleles Lichtbündel herzustellen und es zu einem wirklich mikroskopisch kleinen Brennpunkt zusammenzuziehen. Das liegt in erster Linie daran, daß es keine punktförmigen Lichtquellen gibt, die einen wirklich starken Lichtstrom aussenden. Unter allen Lichtquellen sind eigentlich nur die Sterne wegen ihrer riesengroßen Entfernungen praktisch punktförmig. Leider sind sie deshalb aber auch sehr lichtschwach, so daß man sie am Tageshimmel nicht einmal sehen kann. Der einzige Stern, der für uns auf der Erde einen wirklich gewaltigen Lichtstrom liefert, ist unsere eigene Sonne. Leider ist die Sonne kein Punkt am Himmel, sondern eine Scheibe. Wenn wir also versuchen, Sonnenlicht mit einem Hohlspiegel oder mit einer Sammellinse zu einem Brennpunkt zu vereinigen, so können wir nur ein winziges Bildchen dieser Scheibe erzeugen. Das Sonnenlicht läßt sich daher unter einem bestimmten Betrag einfach nicht weiter konzentrieren. Es reicht zwar aus – so wie Sie selbst geschrieben haben –, Papier anzuzünden oder schwarze Löcher in ein Holz zu brennen. Auch gibt es Sonnenöfen, mit denen man im vereinten Brennpunkt vieler Spiegel Metalle schmelzen kann. Das ist aber für die Physiker nicht weiter aufregend. Bis zur Erfindung des Laserlichts mußten sie sich zur Erzeugung hoher Temperaturen mit Hilfe von gebündeltem Licht mit der Sonnenscheibe begnügen, wobei die Sonnenstrahlen eben nicht parallel sind.
Dieselbe Schwierigkeit haben wir auch mit unseren künstlichen Lichtquellen. Haben Sie schon einmal versucht, mit Ihrer Taschenlampe eine Hausnummer über eine Entfernung von 20 oder 30 Meter

so stark zu beleuchten, daß Sie das Schild lesen können? Auch unsere besten Großscheinwerfer, die mit vielen Kilowatt arbeiten, reichen nicht aus, eine etwa 20 Kilometer entfernte Bergspitze zu beleuchten. Natürliches Licht läuft unerbittlich auseinander, und auch vom Licht des stärksten Scheinwerfers kommt bei großer Entfernung praktisch nichts mehr an.

Jetzt aber zurück zum Laserlicht. Das Laserlicht, das aus einem Rubinkristall entweicht oder von einem Gaslaser ausgesandt wird, verläuft hochgradig parallel. Natürliches Licht gleicht einer Menschenmenge, die am Ende eines Fußballspiels aus dem Stadion herauskommt und sich innerhalb kurzer Zeit in alle Richtungen verläuft. Ein Laserstrahl gleicht einer Marschkolonne von Soldaten, die sauber in einer Richtung weiterläuft und auch nach einem Kilometer genauso vereint und exakt in gleicher Richtung weitermarschiert wie zu Beginn.

Diese faszinierende Eigenschaft kann man an den Lichtbündeln eines Gaslasers direkt sehen. Je nach Größe des Instruments hat dieser Strahl einen kreisrunden Querschnitt etwa von der Dicke eines Bleistifts. Wenn Sie die Hand davorhalten, sehen Sie einen kreisrunden Fleck. Wenn Sie diesen Laserstrahl auf einen Schirm richten, der etwa einen Kilometer weit entfernt ist, dann ist der Querschnitt dieses Lichtflecks praktisch noch genauso groß. Versuchen Sie das einmal mit einer Taschenlampe.

Das beste Beispiel dafür, wie unglaublich sauber und parallel ein Laserstrahlbündel auch über riesige Entfernungen zusammenbleibt, ist ein faszinierendes Experiment, das man mit dem Mond angestellt hat. Unsere Astronauten haben auf dem Mond Spiegel aufgestellt, die von der Erde ausgesandtes Laserlicht wieder reflektieren sollen. Man hat dabei gewartet, bis die Sonne über der Mondlandschaft untergegangen war, so daß dort Nacht herrschte. Ein Laserstrahl, von der Erde aus zum Mond geschickt, traf dann den Spiegel, und zweieinhalb Sekunden später kam der Lichtblitz, immer noch erstaunlich scharf gebündelt, auf der Erde wieder an, von wo man ihn auf der dunklen Mondoberfläche mit einem Fernrohr deutlich registrieren konnte – unglaublich, aber wahr.

Nun müssen Sie freilich nicht glauben, daß ein Strahl aus einem Gaslaser so heiß und energiereich sei, daß er alles, was er trifft, sofort verbrennt. Nein, es verhält sich vielmehr so, daß Sie einen Gaslaserstrahl ohne weiteres mit der dazwischengehaltenen Hand aufhalten kön-

nen. Sie spüren dann noch nicht einmal die Wärme dieses Lichtflecks. Aber nehmen wir jetzt einmal ein Brennglas und ziehen den Laserstrahl zu einem Brennpunkt zusammen. Das ist dann ein Brennpunkt ganz anderer Art – nicht wie etwa der Brennpunkt eines Sonnenbrennglases. Das winzige Sonnenbild dort hat immer noch einen Durchmesser von etwa einem zehntel Millimeter. Die Brennfläche ist also noch ziemlich groß und deshalb nicht so heiß. Laserlicht mit seinem hohen Grad an Parallelität jedoch kann man zu einem Punkt zusammenziehen, dessen Durchmesser nur vielleicht ein tausendstel Millimeter beträgt. Dort allerdings ist dann die Energiekonzentration so gewaltig, daß blitzartig ungeheure Temperaturen entstehen.
In einer meiner Fernsehsendungen habe ich einen solchen Gaslaser benutzt. Dabei habe ich die Mannschaft des Studios auf strenge Sicherheitsvorkehrungen eingeschworen und während der ganzen Vorführung wie ein Luchs aufgepaßt, daß nichts passiert. Man konnte ohne weiteres durch den Laserstrahl hindurchlaufen, wehe aber, es hätte jemand längs der Achse in den Laserstrahl hineingeblickt. Dann nämlich hätte die Augenlinse wie ein Brennglas gewirkt und die gesamte Energie auf einen winzigen Punkt der Netzhaut konzentriert. Dort wäre die Netzhaut sofort verdampft, und die betreffende Person wäre ihr Leben lang zentral blind gewesen.
In der täglichen Praxis eignet sich der Laserstrahl für sehr viele Dinge, für die sich natürliches Licht nicht eignet. Man kann damit beispielsweise auf kleinstem Raum Punktschweißungen durchführen. Zu Beginn meines Briefes habe ich ja auch schon darauf hingewiesen, daß man den Laserstrahl bei Augen- und Gehirnoperationen als ein winziges, kleines Chirurgenmesser benutzen kann.
Vereinigt man die Brennpunkte von einer großen Zahl von Lasern auf einen winzigen Raum, so kann man kurzzeitig an diesen Stellen Temperaturen erzeugen, die weit in die Millionen Grad Celsius gehen. Solche extrem hohen Temperaturen benötigt man auch, um Verschmelzungsreaktionen zwischen Atomkernen einzuleiten. Und diese Verschmelzungsprozesse bilden eine ungeheure Energiequelle, wie die furchtbare Wirkung der Wasserstoffbombe bei der Explosion zeigt, mit der man alles ruinieren, jedoch keine Energie zu friedlichen Zwecken gewinnen kann. Doch die Physiker haben die Hoffnung, daß es ihnen vielleicht gelingen werde, diese Kernverschmelzungsprozesse mit Hilfe von Laserstrahlbatterien kontrolliert einzuleiten und ablaufen zu lassen.

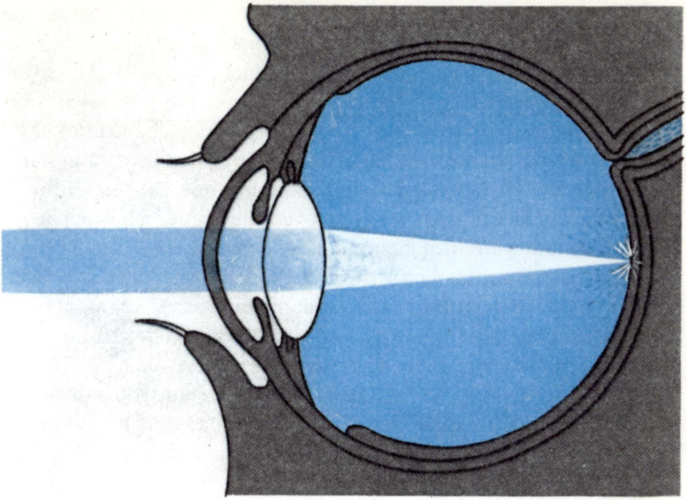

Ein Laserstrahl wird erst gefährlich, wenn der Querschnitt seines Bündels durch eine Linse zu einem Brennpunkt zusammengezogen wird. So kann man einen Laserstrahl getrost mit der Hand abfangen; man darf nur nicht in ihn hineinschauen. Dann erzeugt die Augenlinse auf der Netzhaut einen so scharfen Brennpunkt, daß das Augenlicht an dieser Stelle zerstört wird.

Nun habe ich in meiner vorherigen Erläuterung den Laserstrahl mit einer Kompanie marschierender Soldaten verglichen. Dieses Bild war noch nicht ganz vollständig. Es verhält sich nämlich so, daß kurze Lichtstücke im natürlichen Licht auch aus solchen Marschkolonnen bestehen. Zuvor hatte ich Ihnen ja schon gesagt, daß ein Ausstrahlungsakt eines Lichtblitzes durch ein Atom nur ein paar hundertmillionstel Sekunden beträgt. Da der gerade entstehende Lichtstrahl ja von dem Atom gleich mit Lichtgeschwindigkeit wegzulaufen beginnt, können wir ausrechnen, daß der zusammenhängende Lichtfaden eines einzigen Ausstrahlungsaktes höchstens zehn oder zwanzig Zentimeter lang sein kann. Nur längs dieses einzelnen Lichtfadens schwingt das elektromagnetische Feld der Strahlung im gleichen Takt und Rhythmus. Selbst mit den raffiniertesten Methoden ist es den Physikern seit der Erfindung des Lasers nicht gelungen, Lichtfäden zu erzeugen, die über eine längere Strecke im gleichen Takt schwingen und gewissermassen »zusammenhängen«. Für ein solches zusammenhängendes Lichtwellenfeld gibt es einen Fachausdruck: Man spricht von »kohärentem« Licht, und die Strecke dieses zusammenhängenden Feldes nennt man die Kohärenzlänge. Das ist ein nicht ganz einfacher Begriff, den ich Ihnen zumuten muß; ich brauche ihn aber zur Erläuterung des letzten Gedankens.

Ein Laserlichtstrahl hat nämlich eine Kohärenzlänge, die fast beliebig lang ist. Wir wollen im Bild der Kompanie unserer Soldaten bleiben. Natürliches Licht besteht aus einer großen Zahl solcher Kompanien, die immer nur stückweise im Takt marschieren und auch nicht genau in die gleiche Richtung. Beim Laserstrahl ist das anders, nämlich so, als ob die erste Kompanie der Soldaten sich laufend Personen aus Zuschauern einer Parade herausholt und sie zwingt, sich in die Marschordnung einzufügen und im gleichen Schritt und Tritt auf das gleiche Ziel zuzumarschieren. Das bewirkt nämlich der erste Strahl mit dem Licht, das er aus den metastabil angeregten Atomen beim Vorbeisausen gewissermassen »herauskitzelt«.

Nun kann man einen so langen kohärenten Strahl modulieren, das heißt, ihn nach dem Rhythmus der Sprache in seiner Intensität schwingen lassen. Das praktizieren wir ja schon seit der Erfindung des Radios, und beim Fernsehen wird es genauso gehandhabt. Nur benötigt man für die Übertragung eines Hörfunk- und vor allem eines Fernsehprogramms einen größeren Bereich von Wellenlängen. Man nennt das eine Bandbreite, und dies sind im Fernsehbereich die berühmten Kanäle. Bei den sehr viel längeren Wellen des Ultrakurzwellenbereiches hat man dort trotzdem nur Platz für ein paar Dutzend solcher Kanäle. Da die Lichtwellenlängen sehr viel kürzer sind, herrscht dort ein viel größerer Spielraum. So kann man Tausende von Telefongesprächen und Fernsehprogrammen ungestört gleichzeitig übertragen.

Aus meinem Antwortbrief ist eine ziemlich lange Geschichte geworden; aber ich konnte nicht umhin, diese vielen Detailfragen der Physik zu besprechen, um Ihnen eine sinnvolle Erläuterung des Laserlichts liefern zu können.

Abschließend noch ein kurzer Gedanke. Praktisch bei allen Erfindungen, die der Mensch gemacht hat, hat er nur die Natur kopiert.

Oder anders ausgedrückt: Die Natur hat uns alles vorgegeben. Der Laserstrahl allerdings bildet eine der ganz wenigen Ausnahmen. Alle Lichtquellen der Natur, vom Stern bis zur glühenden Lava, vom Schein des Mondes bis zum Flimmern eines Glühwürmchens, senden »zerhacktes«, unsauberes Licht aus. Auch alle unsere künstlichen Lichtquellen, von der Fackel in der Höhle des Steinzeitmenschen bis zum Blitz einer Wasserstoffbombe, bestehen nur aus natürlichem Licht.

Als Dr. Maiman seinen ersten Laser zündete, hat er für das ganze Universum etwas wirklich Neues produziert, was es zuvor in der Natur überhaupt noch nicht gab. Dazu sind die Bedingungen, unter denen ein Laserstrahlbündel entstehen kann, viel zu ausgefallen und im echten Sinn »unnatürlich«. Nur unter den geschickten Händen eines kenntnisreichen Wissenschaftlers konnte so etwas entstehen.

Mit herzlichem Dank für Ihr Interesse und mit bestem Gruß

Ihr

Heinz Haber

6

Sehr geehrter Herr Professor Haber!

Weil Sie immer auch für uns Jugendliche Fernsehsendungen machen, hätte ich einmal eine Frage. Ich habe nämlich einen merkwürdigen Geburtstag. Ich bin am 29. Februar 1964 zur Welt gekommen und habe dann, als ich in die Schule kam, gemerkt, was das für ein komischer Geburtstag ist. Ich bin im Herbst 1970 in die erste Klasse gekommen, und in der ersten Stunde mußten wir alle der Lehrerin unseren Geburtstag sagen. Als ich dann meinen Geburtstag am 29. Februar 1964 nannte, blickte die Lehrerin kurz auf und sagte: »Ja, da bist Du ja erst eineinhalb Jahre alt.« Alle Kinder haben gelacht. Abends habe ich das dann meinem Vater erzählt, und er hat auch gelacht. Er hat mir dann erklärt, was die Lehrerin gemeint hat. Ich habe ja immer nur in jedem Schaltjahr einen richtigen Geburtstag, so daß mein erster »Geburtstag« am 29. Februar 1968 und mein zweiter Geburtstag erst am 29. Februar 1972 war. Deshalb hat die Lehrerin gesagt,daß ich eigentlich erst 1 1/2 Jahre alt wäre. Ich habe das damals natürlich noch nicht recht verstanden, denn meine Eltern haben ja immer jedes Jahr am 28. Februar eine Geburtstagsparty für mich gemacht.
Eigentlich bilde ich mir erst seit 1976 etwas auf meinen besonderen Geburtstag ein, und ich lache jetzt die anderen Kinder aus. 1976 war nämlich ein Schaltjahr, und da hatte ich wieder einen richtigen Geburtstag. Das war sogar ein Sonntag.
Nun wollte ich Sie aber um eine Auskunft bitten. Wegen meines komischen Geburtstags interessiere ich mich sehr für den Kalender. Neulich habe ich in einer Kinderzeitschrift von einem Weltkalender

gelesen, den die Vereinten Nationen für alle Länder einführen wollen. In diesem Kalender hätte der Februar jedes Jahr 30 Tage, und nach diesem Weltkalender hätte ich jedes Jahr einen richtigen Geburtstag.
Weil ich mich so sehr für Kalender interessiere, haben mir meine Eltern zu meinem letzten Geburtstag – das war allerdings kein Schaltjahr – eine Quarzuhr mit Datumsanzeige geschenkt. Die Gebrauchsanweisung habe ich genau durchgelesen. Da steht nun drin, daß diese Quarzuhr alle vier Jahre automatisch den 29. Februar einschaltet. Darüber bin ich sehr froh, und meine Eltern habe mir deshalb eine solche Uhr geschenkt.
Nun beschäftigt mich aber noch eine Frage. Was passiert denn Ende Februar im Jahr 2000? In einer Geschichte über den Kalender in derselben Kinderzeitschrift habe ich gelesen, daß ich alle vier Jahre einen richtigen Geburtstag habe. Nur sollen die Jahreszahlen mit vollen Jahrhunderten, wie zum Beispiel das Jahr 1700, 1800, 1900 keine Schaltjahre sein. Ich bin einmal gespannt, was meine Quarzuhr, sollte ich sie dann noch haben, um Mitternacht am 28. Februar des Jahres 2000 macht. Dann müßte sie doch auf den ersten März umschalten. Ich kann mir gar nicht vorstellen, daß die Firma, die die Quarzuhr gebaut hat, das jetzt schon so eingebaut hat, daß das Datum dann richtig springt. Muß ich dann nicht mit der Hand nachstellen?
Bitte schreiben Sie mir möglichst viel über den Kalender, weil ich wegen meines Geburtstags viel öfter daran denke als die anderen Kinder.
Mit herzlichem Gruß

Ihre

Friedel F.

Warum beschließen die Vereinten Nationen keinen Weltkalender?

Liebe Friedel!

Über Deinen Brief habe ich mich sehr gefreut, denn ich interessierte mich auch schon in Deinem Alter sehr für den Kalender, allerdings hatte ich dafür keinen so schönen Anlaß wie Du. Ich habe nämlich einen ganz gewöhnlichen Geburtstag: am 15. Mai. In meinem ganzen Leben lernte ich bisher niemand kennen, der am 29. Februar Geburtstag hätte. So etwas kommt nämlich ziemlich selten vor, und das sollte Dir Anlaß zur Freude sein. Du bist ja inzwischen alt genug, um Deinen besonderen Geburtstag zu schätzen zu wissen und Dich von den anderen Kindern nicht mehr auslachen zu lassen. Immer müssen 1461 Tage vergehen, bis dieser seltene Tag wieder einmal im Kalender steht, und im Durchschnitt ist nur unter fast 1500 Kindern eines, das diesen ausgefallenen Geburtstag hat. So ist es auch nicht verwunderlich, daß ich niemanden kenne, der diesen schönen Geburtstag hat. Und deshalb möchte ich Deinen Brief auch ausführlich beantworten.

Am besten erzähle ich zuerst die Sache mit der Quarzuhr. Es ist richtig, wie Du schreibst, daß die Jahre mit den vollen Jahrhunderten – also 1700, 1800, 1900 – keine Schaltjahre waren, obwohl sie es hätten sein müssen; Schaltjahre haben wir grundsätzlich in all den Jahren, deren letzte beiden Stellen durch vier teilbar sind. Nach dieser ersten Regel müßten eigentlich die vollen Jahrhunderte auch Schaltjahre sein.

Nun gibt es aber noch eine zweite Schaltregel. Nach dieser sind alle Jahrhunderte, bei denen die ersten beiden Zahlen durch vier teilbar sind, trotzdem Schaltjahre, also bilden die Jahrhunderte 1600, 2000, 2400, 2800 usw. Ausnahmen von der ersten Regel. Obwohl sie volle

Papst Gregor XIII., der im Oktober des Jahres 1582 die nach ihm benannte Kalenderreform durchsetzte, nach der wir heute noch nach fast 400 Jahren praktisch weltweit unsere Zeitrechnung durchführen.

Jahrhunderte sind, sind sie dennoch Schaltjahre. Im Jahr 2000 also wird sich etwas ereignen, was nur alle 400 Jahre vorkommt: Es gibt dann ein Schaltjahr und damit auch einen 29. Februar 2000. In diesem Jahr übrigens – und das kannst Du dir gleich aufschreiben – wirst Du an einem Dienstag Geburtstag haben.

Die Firma, die Deine Quarzuhr gebaut hat, braucht also gar nichts Besonderes einzubauen, wenn die Uhr so eingerichtet ist, daß sie alle vier Jahre beim Datumsanzeiger einen 29. Februar anzeigt. Nun weiß ich natürlich nicht, ob Deine neue Quarzuhr so lange hält. Solltest Du sie aber beispielsweise Deiner Urenkelin vererben, müßte sie am 28. Februar des Jahres 2100 den 1. März von Hand einschalten. Denn das Jahr 2100 ist nach der ersten Regel kein Schaltjahr, obwohl das Jahr selbst durch vier teilbar ist. Die beiden ersten Ziffern der Jahreszahl (nämlich 21) sind nicht durch vier teilbar. Um die Datumsanzeige Deiner Quarzuhr brauchtst Du Dich also für die nächsten 120 Jahre nicht zu kümmern.

Nun hast Du mich ja grundsätzlich nach dem Kalender gefragt. Du willst sicher wissen, wie man überhaupt zu den Schaltjahren gekommen ist. Durch diese Regelung hast Du mit Deinem ausgefallenen Geburtstag bisher ein bißchen Ärger gehabt, weil Du ja nur alle vier Jahre einen echten Geburtstag hast. Da Du Dich für den Kalender so sehr interessierst, weißt Du sicher, wie unser heutiger, in der westlichen Welt durchweg benutzter Kalender heißt: Man nennt ihn den Gregorianischen Kalender. Der Name geht zurück auf Papst Gregor XIII., der Ende des 16. Jahrhunderts Papst war. Er hat damals im gesamten christlichen Abendland den heute noch gültigen Kalender

eingeführt. Aber das ist nur ein Teil der langen Geschichte des Kalenders.
Ihr habt doch in der Schule bestimmt schon Dezimalbrüche besprochen, und Du weißt auch, was Stellen hinter dem Komma bedeuten. Um Dir nämlich die Geschichte des Kalenders richtig erläutern zu können, komme ich ohne Dezimalbrüche nicht aus. Auch nehme ich an, daß Du einen elektronischen Taschenrechner hast. Wenn das nicht der Fall ist, dann wünsche Dir einen zu Deinem nächsten Geburtstag, der durchaus auch der 28. Februar sein könnte. Ein solcher Taschenrechner muß allerdings auf acht Stellen genau rechnen. So genau nämlich mußten die Astronomen in der Geschichte der Menschheit immer rechnen, um endlich einmal zu einem brauchbaren Kalender zu kommen. Wenn ich Dir nämlich die Geschichte des Kalenders erzähle, müssen wir zwischendurch öfter einmal rechnen.
Was kennzeichnet nun eigentlich einen Kalender? Hier die einfache Antwort: Ein Kalender ist eine Tabelle, die den Ablauf der Tage wärend eines Jahres zählt. Diese Tabelle ist noch in Monate und Wochen unterteilt – aber das weißt Du ja. Wichtig ist nur, wie viele Tage für jedes Jahr im Kalender stehen. Bekanntlich sind das in jedem normalen Jahr 365 Tage und in einem Schaltjahr 366 Tage. Wie ist man nun darauf gekommen?
Das Jahr entsteht ja dadurch, daß die Erde während dieses Zeitraumes längs ihrer fast kreisförmigen Bahn einmal um die Sonne läuft. Stell Dir nun bitte vor, daß wir dabei dauernd während eines ganzen Jahres zur Sonne blicken. Diese Blickrichtung dreht sich daher während eines Jahres einmal im Kreis. Nun befindet sich hinter der Sonne auch die große Zahl der Sterne, die wir leider nicht sehen können, wenn die Sonne scheint. Selbst wenn wir dies nicht beobachten können, wissen wir dennoch, daß die Sonne von der Erde aus gesehen einmal im Jahr längs eines schmalen Bandes vor den dahinterliegenden Sternen vorbeilaufen muß. Vielleicht hast Du so etwas schon einmal in einem Planetarium gesehen, wo ja auch die Sternbilder hinter der Sonne noch sichtbar sind, da das Sonnenbildchen im Planetarium sie nicht überblendet.
Dieser jährliche Umlauf der Sonne längs dieses kreisförmigen Ster-

Kalender des Jahres 1976 nach Gregor XIII.

Jan.	Febr.	März	April	Mai	Juni	Juli	Aug.	Sept.	Okt.	Nov.	Dez.	Jan.
1 Do	1 So	1 Mo	1 Do	1 Sa	1 Di	1 Do	1 So	1 Mi	1 Fr	1 Mo	1 Mi	1 Sa
2 Fr	2 Mo	2 Di	2 Fr	2 So	2 Mi	2 Fr	2 Mo	2 Do	2 Sa	2 Di	2 Do	
3 Sa	3 Di	3 Mi	3 Sa	3 Mo	3 Do	3 Sa	3 Di	3 Fr	3 So	3 Mi	3 Fr	
4 So	4 Mi	4 Do	4 So	4 Di	4 Fr	4 So	4 Mi	4 Sa	4 Mo	4 Do	4 Sa	
5 Mo	5 Do	5 Fr	5 Mo	5 Mi	5 Sa	5 Mo	5 Do	5 So	5 Di	5 Fr	5 So	
6 Di	6 Fr	6 Sa	6 Di	6 Do	6 So	6 Di	6 Fr	6 Mo	6 Mi	6 Sa	6 Mo	
7 Mi	7 Sa	7 So	7 Mi	7 Fr	7 Mo	7 Mi	7 Sa	7 Di	7 Do	7 So	7 Di	
8 Do	8 So	8 Mo	8 Do	8 Sa	8 Di	8 Do	8 So	8 Mi	8 Fr	8 Mo	8 Mi	
9 Fr	9 Mo	9 Di	9 Fr	9 So	9 Mi	9 Fr	9 Mo	9 Do	9 Sa	9 Di	9 Do	
10 Sa	10 Di	10 Mi	10 Sa	10 Mo	10 Do	10 Sa	10 Di	10 Fr	10 So	10 Mi	10 Fr	
11 So	11 Mi	11 Do	11 So	11 Di	11 Fr	11 So	11 Mi	11 Sa	11 Mo	11 Do	11 Sa	
12 Mo	12 Do	12 Fr	12 Mo	12 Mi	12 Sa	12 Mo	12 Do	12 So	12 Di	12 Fr	12 So	
13 Di	13 Fr	13 Sa	13 Di	13 Do	13 So	13 Di	13 Fr	13 Mo	13 Mi	13 Sa	13 Mo	
14 Mi	14 Sa	14 So	14 Mi	14 Fr	14 Mo	14 Mi	14 Sa	14 Di	14 Do	14 So	14 Di	
15 Do	15 So	15 Mo	15 Do	15 Sa	15 Di	15 Do	15 So	15 Mi	15 Fr	15 Mo	15 Mi	
16 Fr	16 Mo	16 Di	16 Fr	16 So	16 Mi	16 Fr	16 Mo	16 Do	16 Sa	16 Di	16 Do	
17 Sa	17 Di	17 Mi	17 Sa	17 Mo	17 Do	17 Sa	17 Di	17 Fr	17 So	17 Mi	17 Fr	
18 So	18 Mi	18 Do	18 So	18 Di	18 Fr	18 So	18 Mi	18 Sa	18 Mo	18 Do	18 Sa	
19 Mo	19 Do	19 Fr	19 Mo	19 Mi	19 Sa	19 Mo	19 Do	19 So	19 Di	19 Fr	19 So	
20 Di	20 Fr	20 Sa	20 Di	20 Do	20 So	20 Di	20 Fr	20 Mo	20 Mi	20 Sa	20 Mo	
21 Mi	21 Sa	21 So	21 Mi	21 Fr	21 Mo	21 Mi	21 Sa	21 Di	21 Do	21 So	21 Di	
22 Do	22 So	22 Mo	22 Do	22 Sa	22 Di	22 Do	22 So	22 Mi	22 Fr	22 Mo	22 Mi	
23 Fr	23 Mo	23 Di	23 Fr	23 So	23 Mi	23 Fr	23 Mo	23 Do	23 Sa	23 Di	23 Do	
24 Sa	24 Di	24 Mi	24 Sa	24 Mo	24 Do	24 Sa	24 Di	24 Fr	24 So	24 Mi	24 Fr	
25 So	25 Mi	25 Do	25 So	25 Di	25 Fr	25 So	25 Mi	25 Sa	25 Mo	25 Do	25 Sa	
26 Mo	26 Do	26 Fr	26 Mo	26 Mi	26 Sa	26 Mo	26 Do	26 So	26 Di	26 Fr	26 So	
27 Di	27 Fr	27 Sa	27 Di	27 Do	27 So	27 Di	27 Fr	27 Mo	27 Mi	27 Sa	27 Mo	
28 Mi	28 Sa	28 So	28 Mi	28 Fr	28 Mo	28 Mi	28 Sa	28 Di	28 Do	28 So	28 Di	
29 Do	29 So	29 Mo	29 Do	29 Sa	29 Di	29 Do	29 So	29 Mi	29 Fr	29 Mo	29 Mi	
30 Fr		30 Di	30 Fr	30 So	30 Mi	30 Fr	30 Mo	30 Do	30 Sa	30 Di	30 Do	
31 Sa		31 Mi		31 Mo		31 Sa	31 Di		31 So		31 Fr	

nenbandes haben auch die alten Völker schon gekannt. Sie haben dieses ringförmige Sternenband, das den ganzen Himmel umschlingt, in 12 Sternbilder unterteilt, denen sie folgende Namen gegeben haben: Widder, Stier, Zwillinge, Krebs, Löwe, Jungfrau, Waage, Skorpion, Schütze, Steinbock, Wassermann und Fische. Dieser scheinbare Jahreslauf der Sonne erfolgt von Westen nach Osten, am Himmel gesehen heißt das von rechts nach links. Die alten Völker wußten dann trotzdem, in welchem Sternbild die Sonne jeweils in jedem Monat stand. Kurz vor Sonnenaufgang nämlich erschien am Osthimmel das Sternbild, in dem die Sonne einen Monat vorher stand. Umgekehrt, kurz nach Sonnenuntergang, sah man im Westen das Sternbild, in das die Sonne im nächsten Monat eintreten würde. Das haben die alten Völker als fleißige Beobachter des Sternenhimmels schon vor mehr als 5000 oder 6000 Jahren herausbekommen, und damit hatten sie auch ein Maß für das Jahr gefunden. Ein Jahr dauert nämlich genauso lange, bis die Sonne, von einem Sternbild ausgehend, exakt wieder das gleiche Sternbild erreicht. Die Länge des Jahres haben die alten Völker dabei in Tagen ausgedrückt.

Was aber ist ein Tag? Ein Tag ist auch ein Zeitmaß. Während eines Tages geht die Sonne einmal auf, erreicht im Süden ihren höchsten Stand über dem Horizont und geht dann wieder unter; dann erfolgt die meist gleich lange Nacht, bis mit dem nächsten Sonnenaufgang der nächste Tag beginnt. Du weißt bestimmt, wie Sonnenaufgänge und Sonnenuntergänge zustande kommen. Die Erde ist ja eine Kugel, die sich um ihre eigene Achse dreht – am besten einem riesigen Karussell vergleichbar, das uns einmal am Tag vor der Sonne vorbeiführt und uns dann den sonnenabgekehrten dunklen Nachthimmel zeigt. Die Länge eines Tages dauert also so lange, wie die Erde braucht, um sich einmal um ihre eigene Achse zu drehen. Das dauert, wie Du ja weißt, 24 Stunden.

Jetzt komme ich zu dem entscheidenden Punkt, weshalb die Menschen in ihrer ganzen Kulturgeschichte seit Jahrtausenden mit dem Kalender immer solchen Ärger gehabt haben. Es handelt sich um die beiden Zeitperioden: einen Tag, das heißt die Rotationszeit der Erde um ihre eigene Achse; außerdem handelt es sich um ein Jahr, das heißt die Zeit, die die Erde braucht, um einmal genau um die Sonne zu laufen. Die astronomische Natur unseres Planeten ist so eingerichtet, daß die Längen dieser beiden Zeitperioden überhaupt nichts miteinander zu tun haben. Leider – und das ist der Ärger – gehen die

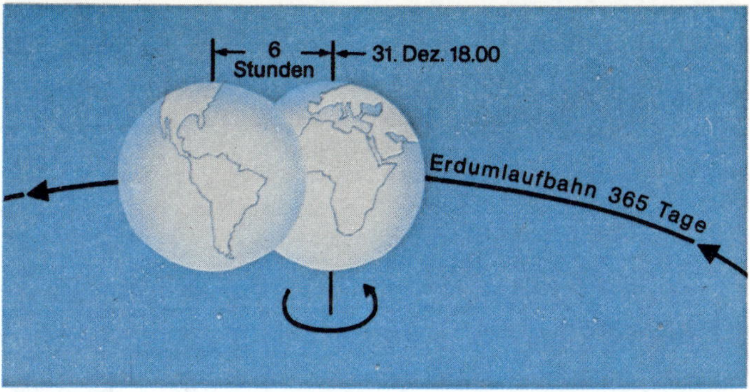

Wenn die Erde sich 365mal um ihre Achse gedreht hat – nach genau 365 Tagen –, hat sie noch nicht wieder den Punkt ihrer Bahn um die Sonne erreicht, der genau einem ganzen Umlauf entspricht. Fast sechs Stunden müssen noch vergehen, bis sie das Jahr vollendet hat. Dabei hat sie sich fast noch um ein Viertel weiter um ihre eigene Achse gedreht.

beiden Größen nicht sauber ineinander auf. Hat sich die Erde 365mal um ihre eigene Achse gedreht, hat sie ihren Umlauf um die Sonne noch nicht ganz vollzogen. Nach Ablauf von 365 Tagen dauert es nämlich dann noch zusätzlich 5 Stunden, 48 Minuten und 46,08 Sekunden länger, bis das Jahr genau abgelaufen ist. Mit diesem »elenden« Rest, der bei der Teilung des Jahres in Tage überbleibt, haben sich die Kalendermacher seit Jahrtausenden herumgeschlagen. Nun will ich diesen Rest einmal als Dezimalbruch ausdrücken und Dir einfach hinschreiben, was Du bestimmt verstehst. Die Länge eines Jahres beträgt nämlich nicht 365 Tage, sondern 365,24220 Tage. Das ist ein ganz »krummer« Dezimalbruch, und die letzte Null – fünf Stellen hinter dem Komma – habe ich nicht einfach so hingeschrieben, das ist wirklich eine Null und nicht etwa eine Eins oder eine Neun.
Jetzt siehst Du schon, daß wir mit diesem Rest hinter dem Komma (0,24220) in Schwierigkeiten geraten, wenn wir einfach einen Kalender machen, bei dem jedes Jahr 365 Tage hat. Erstellt man aber einen solchen Kalender und setzt einfach Jahrzehnte oder sogar Jahrhunderte lang jedes Jahr mit 365 Tagen an, begeht man für jedes Jahr

einen kleinen Fehler, der einem nach längerer Zeit den ganzen Kalender ruiniert. All das erläutere ich hier, damit Du bereits die Schwierigkeiten eines Sonnenkalenders kennenlernst. Viele der alten Völker haben sich darum nämlich überhaupt nicht gekümmert und ihre Kalender nach dem Mond gemacht.
Der Mond gestattet nämlich auch ein hervorragendes Maß der Zeit. Er hat dabei noch den großen Vorteil, daß sein Lauf vor den Gestirnen viel besser zu beobachten ist als der scheinbare Lauf der Sonne, den ich oben bereits erklärt habe. Sodann hat der Mond noch den großen Vorteil, daß er etwa einmal im Monat um den Himmel läuft, während die Sonne etwa zwölfmal so lange, ein ganzes Jahr dazu braucht. Außerdem kommt noch etwas hinzu: Im Lauf eines Monats zeigt der Mond in regelmäßigem Rhythmus seine schönen Phasen als zunehmende Sichel, als Vollmond und als abnehmende Sichel, um dann, an der Sonne vorbeiziehend, als Neumond zu verschwinden. Diese Mondphasen, die ziemlich genau im Abstand von sieben Tagen aufeinander folgen, kann jeder sofort ablesen, wenn er nur den Mond am Himmel betrachtet. Aus diesem Grund haben die alten Völker ihren Kalender zunächst nach dem Mond aufgebaut. Das haben sie fast alle getan, weil dies so schön einfach war. Alle sieben Tage kam eine neue »Mondphase«: Neumond, zunehmendes Viertel, Vollmond und abnehmendes Viertel. Danach haben die Menschen die Woche von sieben Tagen geschaffen, die wir auch heute noch haben. Eine Mondumkreisung um den ganzen Himmel dauert ziemlich genau 30 Tage, und das war dann der Monat, den wir auch noch haben.
Nun hat nach den astronomischen Gesetzen der Umlauf des Mondes ursächlich überhaupt nichts mit der Achsenrotation der Erde (einem Tag) zu tun, und sie hat auch überhaupt nichts mit dem Umlauf der Erde um die Sonne (einem Jahr) zu tun. So darfst Du Dich nicht wundern, daß auch die Länge dieser Zeiten überhaupt nicht zusammenpassen. Wenn man sie miteinander vergleicht, kommen ganz »krumme« Zahlen heraus.
Es gibt heute noch Völker, die einen Mondkalender besitzen. Dazu gehören die Juden und die Araber. Da Du Dich ja für Kalender interessierst, hast Du bestimmt schon davon gelesen, welch unerträgliches Durcheinander diese Völker mit ihren Mondkalendern haben – der paßt nämlich überhaupt nicht in das astronomische Jahr.
Das möchte ich Dir einmal vorrechnen. Der Mond benötigt für einen Umlauf um die Erde – von Neumond zu Neumond ziemlich genau

29 $1/2$ Tage, einen echten Mond-Monat kann man also gar nicht in ganzen Tagen ausdrücken. Demnach ist auch eine Woche nicht etwa sieben Tage lang, sondern sieben Tage und neun Stunden. Wenn man mit diesen »krummen« Zahlen einen Kalender machen will, braucht man sich nicht zu wundern, daß man sich dabei sehr bald hoffnungslos verheddert. Über die Sorgen, die die Völker, die heute noch nach dem Mond rechnen, mit ihrem Kalender haben, möchte ich später noch etwas sagen.

Für die meisten alten Kulturen jedoch war ein Jahreskalender, der sich nach der Sonne ausrichtete, viel wichtiger. Zumal die Sonne mit ihrem jährlichen Umlauf quer durch den Himmel auch die Jahreszeiten reguliert, eine Tatsache, die etwa für den Bauern zu allen Zeiten von Wichtigkeit war. Im Frühjahr hat die Sonne an jedem Ort der Nordhalbkugel einen mittelhohen Stand. Sie steigt dann immer höher und erreicht ein Vierteljahr später ihren höchsten Stand. Dann ist es Sommer. Von dieser Zeit an läuft sie langsam wieder zu ihrem mittleren Stand zurück, und es wird Herbst. Ein Vierteljahr später erreicht sie ihren tiefsten Stand, dann ist es Winter. Wiederum drei Monate später erreicht sie jenen Punkt, den man Frühlingspunkt nennt. Dann herrscht Tag- und Nachtgleiche, und der Frühling beginnt. Das ganze Leben auf der Erde richtet sich nach diesem Rhythmus der Jahreszeiten, während das Wachstum der Pflanzen vom Lauf des Mondes völlig unbeeinflußt bleibt. Aus diesem Grund haben sich in den älteren Kulturen die Ägypter und Römer, die eben auch der Landwirtschaft eine besondere Bedeutung beimaßen, für einen Sonnenkalender interessiert. An ihm nämlich konnten sie ablesen, wann sie zu säen und zu ernten hatten. Die ersten Sonnenkalender stammen daher auch aus Ägypten und dem alten Rom.

Ich habe Dir zuvor ja schon erklärt, weshalb man den scheinbaren Umlauf der Sonne um den ganzen Himmel herum nicht so sauber beobachten kann, weil man nämlich die dahinterliegenden Sterne, die als Bezugspunkte dienen könnten, leider immer dann nicht sehen kann, wenn die Sonne am Himmel steht. Nun waren die alten Astronomen schon vor 4000 oder 5000 Jahren schlau genug, um mit diesem Problem fertig zu werden. Du weißt doch bestimmt, daß die Sonne im Osten auf- und im Westen untergeht. Das ist natürlich nur eine pauschale Angabe. Im Lauf der Jahreszeiten nämlich läuft der genaue Punkt am Horizont, an dem die Sonne aufgeht, hin und her. Nur am 21. März und am 23. September geht die Sonne genau am

Das sogenannte »Stonehenge« in der englischen Grafschaft Wiltshire ist mit einem Alter von etwa 4000 Jahren das größte vorgeschichtliche Denkmal Europas. Die Ausrichtung der Steinblöcke diente vermutlich zur genauen Bestimmung der Sonnenaufgangs- und Sonnenuntergangspunkte am Horizont – und damit der genauen Jahreslänge.

Ostpunkt des Horizonts auf. Während des Sommers läuft der Aufgangspunkt der Sonne nach Nordosten und dann bis zum September wieder genau nach Osten zurück. Zwischen dem 23. September bis zum 21. März wandert der Aufgangspunkt der Sonne von Osten nach Südosten und zurück. Das haben die schlauen Astronomen des Altertums natürlich längst bemerkt. So haben sie sich in der Landschaft über Entfernungen von Hunderten von Metern oder sogar Kilometern Visierpunkte aufgebaut, mit denen sie den Aufgangsort der Sonne an jedem Tag mit erstaunlicher Genauigkeit festlegen konnten. Dafür sind alte Bauwerke noch Zeugen. Die Basislinien der ägyptischen Pyramiden bilden solche Visierlinien ebenso wie die ur-

Der römische Staatsmann Gaius Julius Caesar, der im Jahre 46 vor Christus den Kalender mit der Erfindung der alle vier Jahre aufeinanderfolgenden Schaltjahre mit einer Länge von 366 Tagen reformierte.

tümlichen Steinbauten des berühmten »Stonehenge« in Südengland. Damit konnten die alten Priesterastronomen die Länge des Jahres ziemlich genau festlegen. Sie haben die Länge des Jahres auf 365 Tage angesetzt und ihre ersten Sonnenkalender darauf aufgebaut. Solche alten ägyptischen Kalender existierten noch im alten Rom.

Jetzt möchte ich noch einmal auf die Stellen hinter dem Komma zurückkommen. Ein Jahr ist ja nicht 365 Tage lang, sondern 365,24220 Tage. Das sind eigentlich ziemlich genau 365 $^1/_4$ Tage. Als zu der Zeit von Julius Caesar die Römer immer noch nach diesem alten ägyptischen Sonnenkalender rechneten, war durch diese Ver-

nachlässigung jenes Tagesviertels in jedem Jahr der Kalender schon etwas in Unordnung geraten. Die Römer hatten in ihrem alten Kalender jedes Jahr mit den berühmten Iden des März, das heißt dem 15. März begonnen; das war ihr Neujahrstag. Nun hatten sie von den Ägyptern einen Sonnenkalender übernommen, der schon mehrere hundert Jahre alt war. Dabei hatten sie jedes Jahr einen Fehler von einem Vierteltag gemacht; in diesen hundert Jahren war der Beginn des Frühlings schon um mehr als einen Monat nach hinten in den Februar hineingerutscht. Das hat den störrischen Bauern im alten Rom überhaupt nicht gepaßt, und aus diesem Grund hat Julius Caesar eine Kalenderreform durchgeführt. Er hat während seiner Regierungszeit den 15. März – die Iden des März – zum Jahresanfang erklärt und folgende geniale Regel eingeführt: Beginnend mit dem Jahr seiner Kalenderreformation sollte nun jedes Jahr 365 Tage haben; nur jedes vierte Jahr sollte 366 Tage lang sein. Damit hat er die Erfindung des Schaltjahrs gemacht und eingeführt. Damals hatte man diesen »Schalttag«, der alle vier Jahre vorkam, ans Jahresende gesetzt, das heißt nach dem 14. März. Es ist nun nicht bekannt, wann dieser Schalttag dann auf den 29. Februar verlegt wurde. Ich kann also keine historische Persönlichkeit namhaft machen, die für Deinen »komischen« Geburtstag verantwortlich ist.
Der volle Name von Caesar lautet ja Gaius Julius Caesar. Jedenfalls wurde sein zweiter Name benutzt, um diesen Kalender, der kurz vor unserer Zeitenwende eingeführt worden ist, den Julianischen Kalender zu nennen.
Jetzt müssen wir allerdings wieder ein bißchen rechnen. Wenn man den Julianischen Kalender mit einem Schalttag alle vier Jahre durch die Jahrhunderte oder Jahrtausende hindurch führt, macht man wiederum einen Fehler. Denn nach dieser Rechnung hat Caesar vorausgesetzt, daß die durchschnittliche Länge eines Jahres 365 $^1/_4$ Tage sei. Ich habe Dir zuvor ja die genaue Tageslänge hingeschrieben, da verbleibt also noch eine Differenz. Sehen wir uns das einmal etwas genauer an:

Julianische Tage pro Jahr	365,25000
Echte astronomische Tage pro Jahr	365,24220
Differenz	0,00780

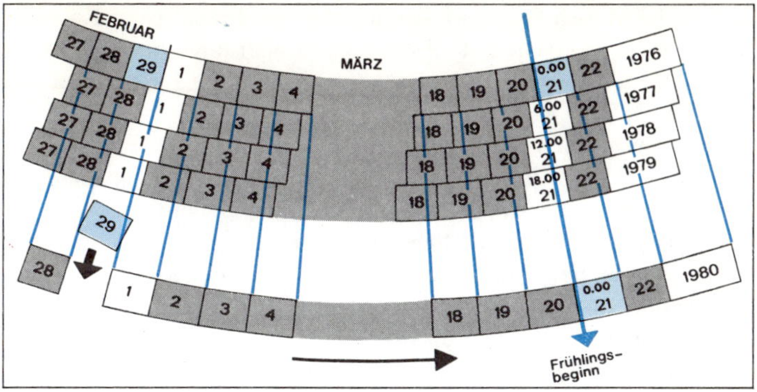

Ein Jahr ist knapp sechs Stunden länger als 365 Tage. Während des Verlaufs von vier Jahren (obere vier Skalen) verschiebt sich daher der Frühlingsanfang durch den ganzen 21. März hindurch. Durch Einschiebung des Schalttages, des 29. Februar, alle vier Jahre, wird der Kalender nach rechts geschoben, so daß der Frühlingsanfang dann wieder mit dem Beginn des 21. März in Einklang gebracht wird.

Das ist also fast ein hundertstel eines Tages. Wenn man demnach den Julianischen Kalender so weiterlaufen läßt, unterschlägt man – und das kannst Du mit Deinem Taschenrechner selber ausrechnen – in mehr als 100 Jahren (genau in 128 Jahren) wiederum einen Tag.
Die Sonnenkalendermacher vor Julius Caesar haben ein Jahr benutzt, das um einen Vierteltag zu kurz war. Dieser Fehler hat natürlich schon pro hundert Jahre den Frühlingsanfang im Kalender um 25 Tage in Richtung Februar verschoben. Das fanden die Bauern im alten Rom so unerträglich, daß sie sich darüber beschwert haben.
Julius Caesar hat nun eine Jahreslänge genommen, die fast um ein hundertstel Tag zu lang war. Auch dieser Fehler hat sich dann, allerdings im Lauf von Jahrhunderten – wieder bemerkbar gemacht. Diesmal allerdings in der anderen Richtung. Der Frühlingstag wanderte langsam in Richtung auf den April, und zwar alle 128 Jahre um einen ganzen Tag. Dieser Fehler allerdings war so klein, daß sich die Menschen 1 500 Jahre nicht darum gekümmert haben.
Es ist aber dennoch erstaunlich, daß bereits im Jahr 730 der angel-

sächsische Mönch Beda auf diesen Fehler im Julianischen Kalender aufmerksam gemacht hat. Es hat dann allerdings noch mehr als 800 Jahre gedauert, bis Papst Gregor XIII. im Jahre 1582 darauf reagiert hat.
Dieser Papst muß wirklich hervorragende astronomische Berater gehabt haben. Es ist ihnen nämlich gelungen, Papst Gregor nicht nur davon zu überzeugen, daß der Julianische Kalender mit seinen Schaltregeln falsch ist, nein – sie haben es sogar fertiggebracht, ihm einzureden, daß er bei einer Kalenderreform auch noch eine ganz entscheidende und eigentlich unglaubliche »Operation« vornehmen müsse. Um einen neuen, nun wirklich dauerhaften Sonnenkalender zu machen, mußte nämlich der Fehler des Julianischen Kalenders wie auf dem Operationstisch eines Chirurgen korrigiert werden. Während der 1600 Jahre, die der Julianische Kalender schon in Kraft war, hatte sich dieser Fehler bereits auf mehr als zehn Tage aufsummiert. Auf diesen fast Drittelmonat nämlich waren die Jahreszeiten mit dem Kalender damals schon aus dem Lot geraten. Das päpstliche Dekret von Gregor XIII. kannst Du in seiner Kühnheit auch wirklich nur bewundern: Er hat nämlich einfach ganze zehn Tage aus dem Kalender ausfallen lassen. Für diesen »chirurgischen« Schnitt hat er den Oktober des Jahres 1582 gewählt. Er hat nämlich einfach darüber verfügt, daß auf Donnerstag, den 4. Oktober 1582, unmittelbar der Freitag, der 15. Oktober 1582 zu folgen hätte. Er hat also die Tage zwischen dem 6. und 14. Oktober 1582 einfach in der Versenkung der Geschichte verschwinden lassen. Diese Tage gab es also überhaupt nicht.
Da die Menschen diesen Vorgang damals nicht begreifen konnten, waren sie sehr erregt. Viele von ihnen glaubten, daß ihnen der Papst zehn Tage ihres Lebens gestohlen hätte. Dabei haben alle diese Menschen, die das Jahr 1582 erlebt haben, genauso lange gelebt, als wenn Gregor XIII. diese einschneidende Kalenderreform nicht durchgeführt hätte. Es ist doch völlig gleichgültig, wie man die Tage nennt. Kein Mensch jener Zeit hat deswegen etwa zehn Tage kürzer gelebt.
Du kannst Dir bestimmt vorstellen, daß so etwas die Welt damals völlig durcheinandergebracht hat. Nur die katholischen Länder haben diese Kalenderreform bereits damals übernommen. England hat sich erst ab 2. September 1752 dieser Kalenderreform angeschlossen. Rußland sogar hat erst nach der sozialistischen Revolution seinen Kalender umgestellt, obwohl bis dahin der Unterschied bereits auf

15 Tage angewachsen war. Deshalb feiern die Russen ihre »Oktober-Revolution« jedes Jahr am 6. November. Du siehst also, daß der Ärger mit dem Kalender auch bis in unsere heutige Zeit hineinreicht.
Jetzt mußt Du allerdings wieder Deinen Taschenrechner zur Hand nehmen, um zu begreifen, wie klug die Berater des Papstes Gregor XIII. waren. Die Regeln für die Schaltjahre des Gregorianischen Kalenders hatte ich Dir ja schon angedeutet. Wir haben jedes vierte Jahr ein Schaltjahr, das heißt einen 29. Februar. Das war ja Dein Kummer, als Du noch klein warst. Nur jedes volle Jahrhundert, dessen beide ersten Zahlen man nicht durch vier teilen kann, ist kein Schaltjahr. Allerdings ist jedes volle Jahrhundert, dessen beide ersten Zahlen durch vier teilbar sind, entgegen dieser ersten Regel dennoch ein Schaltjahr. Deshalb wird es auch einen 29. Februar im Jahr 2000 geben, an dem Du ja, wie ich schon schrieb, einen richtigen Geburtstag haben wirst.
Jetzt wollen wir einmal rechnen. Wir wollen einmal hinschreiben, wie viele Tage nach dem Gregorianischen Kalender 400 Jahre haben. Das sind 400 × 365 Tage = 146 000 Tage. Dazu kommen noch die Schaltjahrtage in diesen vier Jahrhunderten. Das sind 3 × 24 Schalttage und 1 × 25 Schalttage, also zusammen 146 097 Tage. Wenn wir diese Zahl durch 400 teilen, erhalten wir als mittlere Tageslänge 365,2425 Tage. Das ist jetzt schon auf drei Stellen hinter dem Komma genau. Trotzdem stimmt es immer noch nicht.
Die genaue Jahrslänge beträgt nämlich nicht 365,2425, sondern 365,2422 Tage. Um diesen Betrag ist also das Gregorianische Jahr noch zu lang. Das ist allerdings so wenig, daß es noch 3300 Jahre dauern wird, bis dieser Unterschied sich wieder zu einem Tag angewachsen hat.
Ich hoffe, daß Du Dir die Mühe machst, das alles mit Deinem Taschenrechner einmal nachzurechnen. Den Gregorianischen Kalender können wir also getrost noch gut 3000 Jahre weiterlaufen lassen. Denn erst rund 3000 Jahre nach Gregor XIII. müssen wir die dann fällige Korrektur an seinem Kalender vornehmen. Das wäre also etwa das Jahr 4800. Das ist ein Jahrhundert, dessen beide ersten Zahlen durch vier teilbar sind, und genauso wie das Jahr 2000 müßte es ein Schaltjahr sein. Dieses Jahr müssen wir lediglich dann ausnahmsweise nicht zu einem Schaltjahr machen, und wir haben wieder für 3300 Jahre »Ruhe« in unserem Kalender.

Papst Gregor XIII. hat also einen sehr schönen Kalender gemacht, den die westliche Welt in seiner Perfektion erkannt und deshalb auch akzeptiert hat. Inzwischen gibt es immer noch viele Völker auf der Welt, die weiterhin nach ihrem eigenen Kalender rechnen – nämlich die Chinesen, die Juden und die Araber. Das ist ein furchtbarer »Mischmasch«, weil sie ja zum Teil noch nach dem Mond rechnen. Und der Mond paßt ja überhaupt nicht in das Jahr. Natürlich haben diese Völker mittlerweile ebenso herausbekommen, daß man jeden Kalender mit den Jahreszeiten nur dann in Einklang bringen kann, wenn man schaltet. Bei unserem schönen Kalender haben wir ja nur alle vier Jahre einen Schalttag – unter Berücksichtigung freilich der Regeln für die vollen Jahrhunderte. Der jüdische Kalender, der noch nach dem Mond ausgerichtet ist, ist so kompliziert, daß er in unregelmäßigen Abständen sechs verschiedene Schaltjahre benutzt, die 353 Tage, 354 Tage und 385 Tage lang sind. Das ist der Grund, weshalb der jüdische Neujahrstag zwischen dem 12. September und dem 5. Oktober jedes Jahr »hin- und hertanzt«. Mit dem arabischen Kalender verhält es sich ähnlich. Allerdings will ich Dir den Grund nennen, weshalb diese vorderasiatischen Völker immer noch an ihrem Kalender hängen. Diese Kalender sind nämlich sehr eng mit ihren religiösen Bräuchen verknüpft. Jeder gläubige Jude und jeder gläubige Moslem muß nämlich zu einem bestimmten Fest im Jahr die klassischen Stätten seiner Religion als Pilger besuchen. In diesen heißen Ländern reist man am besten während der Nacht, da es am Tag unerträglich heiß ist. Deshalb brauchen sie für die Woche, in der sie ihre Pilgerfahrten durchführen wollen, immer Vollmond, der ihnen des Nachts leuchtet. Das ist aber auch der einzige Vorteil, den sie mit ihrem Kalender haben: In der Woche vor ihren großen Festen herrscht immer Vollmond.

Auch unser Kalender ist davon noch etwas berührt. Du weißt doch, daß Ostern in jedem Jahr auf einen anderen Tag fällt. Dafür gibt es eine Regel, die man eigentlich nur als Astronom begreifen kann. Nach unserem Gregorianischen Kalender fällt ja der Frühlingsanfang auf den 21. März. Nun wartet man nach diesem 21. März den ersten Vollmond ab. Und der nächste Sonntag nach diesem ersten »Frühlingsvollmond« ist dann immer Ostern. Daher kommt es, daß in jedem Jahr in der Karwoche immer Vollmond ist. Nun weißt Du ja, daß der Ostersonntag jedes Jahr ziemlich unregelmäßig zwischen Ende März und der zweiten Aprilhälfte hin- und herspringt. Das sind noch

die Überbleibsel jenes unpräzisen Mondkalenders, mit dem sich die Menschen viele Jahrtausende lang eigentlich ziemlich erfolglos herumgeschlagen haben.
Nun habe ich Dir viele Dinge über den Kalender erzählt – aber Du hast mich ja darum gebeten. Einfacher ging es eigentlich nicht. Außerdem hast Du mich noch danach gefragt,was es mit einer neuen Kalenderreform auf sich hat. Ich glaube, Du hast eingesehen, daß der Gregorianische Kalender doch eine ganz hervorragende Sache ist. Seine große Leistung besteht darin, daß mit der Schaltregelung unser Kalender immer für mehr als 3300 Jahre gültig ist, und diesen Fehler können wir durch Ausfall eines einzigen Schaltjahres wiederum für weitere drei Jahrtausende berichtigen. Dabei bleibt es uns natürlich vorbehalten, wie wir diese 365,2422 Tage pro Jahr innerhalb eines Jahreskalenders unterbringen. Und da gibt es an unserem Kalender bestimmt noch einiges zu bemängeln. So fragt man sich, warum wir Monate mit 30 und dann wieder Monate mit 31 Tagen haben, die doch nicht einmal gleichmäßig über das Jahr verteilt sind. Dazwischen liegt dieser verrückte Februar, der einmal 28 und alle vier Jahre 29 Tage hat. Schon vor über 50 Jahren hat ein deutscher Astronom einen Kalender entworfen, der diese an sich unnötigen Unregelmäßigkeiten beseitigt. Das ist der Weltkalender, von dem Du in Deiner Kinderzeitschrift gelesen hast.
Um diesen wirklich sehr schönen Entwurf zu erläutern, müssen wir wieder mal ein bißchen rechnen. Ein normales Jahr hat ja 365 Tage – das ist eine ungerade Zahl, die sich schlecht teilen läßt. Nun, dicht davor liegt eine Zahl – nämlich 364 – die sehr schön teilbar ist. Beim Entwurf dieses neuen Kalenders hat man daher angenommen, daß das Jahr 364 Tage hätte. Über die dabei ausgelassenen 1,2422 Tage pro Jahr sprechen wir anschließend. Diese 364 Tage können wir jetzt bequem durch vier teilen und bekommen dann für ein Jahresquartal 91 Tage heraus. Diese 91 Tage teilen wir noch einmal durch 3 und bekommen dabei zwei Monate zu 30 Tagen und einen Monat zu 31 Tagen. Auf dieser einfachen Rechnung ist der Weltkalender, den die Vereinten Nationen einführen wollen, aufgebaut. Danach hätte der Januar 31 Tage, der Februar 30 und der März hätte 30 Tage, und damit wäre das erste Quartal des Jahres erledigt. Wenn wir außerdem noch den 1. Januar zu einem Sonntag machen, dann hätte der Januar mit seinen 31 Tagen fünf Sonntage. Nun mußt Du Dir das Schema dieses Weltkalenders ansehen, damit Du seine wunderschöne Sym-

Jan.	Febr.	März	April	Mai	Juni	Juli	Aug.	Sept.	Okt.	Nov.	Dez.	Jan.
1 So	1 Mi	1 Fr	1 So	1 Mi	1 Fr	1 So	1 Mi	1 Fr	1 So	1 Mi	1 Fr	1 So
2 Mo	2 Do	2 Sa	2 Mo	2 Do	2 Sa	2 Mo	2 Do	2 Sa	2 Mo	2 Do	2 Sa	
3 Di	3 Fr	3 So	3 Di	3 Fr	3 So	3 Di	3 Fr	3 So	3 Di	3 Fr	3 So	
4 Mi	4 Sa	4 Mo	4 Mi	4 Sa	4 Mo	4 Mi	4 Sa	4 Mo	4 Mi	4 Sa	4 Mo	
5 Do	5 So	5 Di	5 Do	5 So	5 Di	5 Do	5 So	5 Di	5 Do	5 So	5 Di	
6 Fr	6 Mo	6 Mi	6 Fr	6 Mo	6 Mi	6 Fr	6 Mo	6 Mi	6 Fr	6 Mo	6 Mi	
7 Sa	7 Di	7 Do	7 Sa	7 Di	7 Do	7 Sa	7 Di	7 Do	7 Sa	7 Di	7 Do	
8 So	8 Mi	8 Fr	8 So	8 Mi	8 Fr	8 So	8 Mi	8 Fr	8 So	8 Mi	8 Fr	
9 Mo	9 Do	9 Sa	9 Mo	9 Do	9 Sa	9 Mo	9 Do	9 Sa	9 Mo	9 Do	9 Sa	
10 Di	10 Fr	10 So	10 Di	10 Fr	10 So	10 Di	10 Fr	10 So	10 Di	10 Fr	10 So	
11 Mi	11 Sa	11 Mo	11 Mi	11 Sa	11 Mo	11 Mi	11 Sa	11 Mo	11 Mi	11 Sa	11 Mo	
12 Do	12 So	12 Di	12 Do	12 So	12 Di	12 Do	12 So	12 Di	12 Do	12 So	12 Di	
13 Fr	13 Mo	13 Mi	13 Fr	13 Mo	13 Mi	13 Fr	13 Mo	13 Mi	13 Fr	13 Mo	13 Mi	
14 Sa	14 Di	14 Do	14 Sa	14 Di	14 Do	14 Sa	14 Di	14 Do	14 Sa	14 Di	14 Do	
15 So	15 Mi	15 Fr	15 So	15 Mi	15 Fr	15 So	15 Mi	15 Fr	15 So	15 Mi	15 Fr	
16 Mo	16 Do	16 Sa	16 Mo	16 Do	16 Sa	16 Mo	16 Do	16 Sa	16 Mo	16 Do	16 Sa	
17 Di	17 Fr	17 So	17 Di	17 Fr	17 So	17 Di	17 Fr	17 So	17 Di	17 Fr	17 So	
18 Mi	18 Sa	18 Mo	18 Mi	18 Sa	18 Mo	18 Mi	18 Sa	18 Mo	18 Mi	18 Sa	18 Mo	
19 Do	19 So	19 Di	19 Do	19 So	19 Di	19 Do	19 So	19 Di	19 Do	19 So	19 Di	
20 Fr	20 Mo	20 Mi	20 Fr	20 Mo	20 Mi	20 Fr	20 Mo	20 Mi	20 Fr	20 Mo	20 Mi	
21 Sa	21 Di	21 Do	21 Sa	21 Di	21 Do	21 Sa	21 Di	21 Do	21 Sa	21 Di	21 Do	
22 So	22 Mi	22 Fr	22 So	22 Mi	22 Fr	22 So	22 Mi	22 Fr	22 So	22 Mi	22 Fr	
23 Mo	23 Do	23 Sa	23 Mo	23 Do	23 Sa	23 Mo	23 Do	23 Sa	23 Mo	23 Do	23 Sa	
24 Di	24 Fr	24 So	24 Di	24 Fr	24 So	24 Di	24 Fr	24 So	24 Di	24 Fr	24 So	
25 Mi	25 Sa	25 Mo	25 Mi	25 Sa	25 Mo	25 Mi	25 Sa	25 Mo	25 Mi	25 Sa	25 Mo	
26 Do	26 So	26 Di	26 Do	26 So	26 Di	26 Do	26 So	26 Di	26 Do	26 So	26 Di	
27 Fr	27 Mo	27 Mi	27 Fr	27 Mo	27 Mi	27 Fr	27 Mo	27 Mi	27 Fr	27 Mo	27 Mi	
28 Sa	28 Di	28 Do	28 Sa	28 Di	28 Do	28 Sa	28 Di	28 Do	28 Sa	28 Di	28 Do	
29 So	29 Mi	29 Fr	29 So	29 Mi	29 Fr	29 So	29 Mi	29 Fr	29 So	29 Mi	29 Fr	
30 Mo	30 Do	30 Sa	30 Mo	30 Do	30 Sa	30 Mo	30 Do	30 Sa	30 Mo	30 Do	30 Sa	
31 Di			31 Di		31	31 Di			31 Di		31	

Mittsommertag ohne Wochentagsnamen

Schalttag alle 4 Jahre ohne Wochentagsnamen

metrie erkennst. Der Februar mit 30 Tagen hat dann vier Sonntage, und der März mit seinen 30 Tagen hat auch vier Sonntage. Das wäre also das erste Quartal. Es umfaßt 91 Tage, und diese Zahl ist nun durch 7 teilbar, das heißt, das erste Quartal hat genau 13 Wochen. Das zweite Quartal beginnt mit dem 1. April, der ebenfalls wieder ein Sonntag ist. Und das, was für den Januar, Februar, März zutrifft, gilt genauso für den April, für den Mai und für den Juni. Das heißt, der April hat 31 Tage, und der Mai und der Juni haben je 30 Tage, und so geht es weiter. Der 1. Juli, genau am Beginn der zweiten Jahreshälfte, ist wieder ein Sonntag. Und dann kommt das dritte Quartal Juli, August, September und das vierte Quartal Oktober, November und Dezember, die beide genauso gebaut sind wie die anderen Quartale.

Der Vorteil dieses hinreißenden Kalenders besteht darin, daß alle Quartale gleich lang sind und daß alle Monate gleich viele Arbeitstage haben, nämlich 26. Nur die Monate mit 31 Tagen haben fünf Sonntage. Alle anderen Monate haben vier Sonntage. Für die Statistik, für die Wirtschaft und für Lohnabrechnungen wäre das einfach ideal. Übrigens, Du hättest dann auch jedes Jahr einen echten Geburtstag, da jeder Februar dann ja 30 Tage hat.

Was aber machen wir mit den 1,2422 Tagen, die wir ja noch nicht berücksichtigt haben? Nun, da halten wir uns an Gregor XIII.. In jedem vierten Jahr bringen wir nach seiner nun bald 400 Jahre alten Regel einen Schalttag unter. Damit haben wir die Tage hinter dem Komma berücksichtigt. Was aber machen wir mit dem einen Tag, der uns an den 365 Tagen jedes Jahr noch fehlt? Dazu nun wiederum hat der geniale Erfinder dieses Universalkalenders einen sehr schönen Vorschlag gemacht. Nach seiner Regel ist der Dezember der letzte Monat eines Quartals, der demnach nur 30 Tage hätte. Diesen überflüssigen Tag hängen wir dann einfach in jedem Jahr als den 31. Tag des Juni – Mittsommertag genannt – an. Der 30. Juni ist nach diesem Kalender in jedem Jahr ein Samstag. Dem 31. Juni, dem Mittsommertag,

Der Universalkalender besteht aus 4 Quartalen von je 91 Tagen. Jedes Quartal beginnt mit einem Sonntag, wobei diese ersten Monate je 5 Sonntage haben. Die Anzahl der Werktage in jedem Quartal ist gleich groß.

geben wir keinen Wochennamen. Dem 31. Juni folgt dann der 1. Juli, ein Sonntag. Mit dem Schalttag, den wir alle vier Jahre brauchen, können wir genauso verfahren. Den hängen wir dann einfach als 31. Juni alle vier Jahre an, geben ihm aber auch keinen Wochennamen, das heißt, wir hängen in Schaltjahren dem Samstag, dem 30. Juni, einen 31. Juni als neubenannten Feiertag und Schalttag an.
Dieser hervorragende Entwurf eines Kalenders hat auf den ersten Blick außerdem noch den bestechenden Vorteil, daß der Wochentag in jedem Jahr immer der gleiche ist. Ich beispielsweise mit meinem Geburtstag am 15. Mai hätte dann immer an einem Mittwoch Geburtstag. Du hättest dann auch jedes Jahr am 29. Februar Geburtstag, und zwar an einem Freitag. Alle Leute, die öfter mit dem Kalender zu tun haben, würden das sehr bald auswendig lernen und bräuchten überhaupt nicht mehr auf ihrem Kalender nachzuschauen, welcher Wochentag zum Beispiel der 10. Oktober ist. Er ist nämlich jedes Jahr dann ein Dienstag.
Nun weißt Du ja, daß ich Astronom bin. So könntest Du Dir vielleicht denken, daß mir dieses für alle Zeiten festgelegte Schema, daß jeder Tag im Jahr in alle Zukunft den gleichen Wochentag hat, gefallen würde. Vielleicht wirst Du erstaunt sein, wenn ich Dir sage, daß ich mir das noch einmal überlegen muß.
Seit mehr als 3000 Jahren hat die Menschheit an ihrem Kalender »herumgebastelt«, und die klassischen Reformationen des Kalenders von Caesar und Gregor XIII. sind geschichtliche Ereignisse. Bei jeder Kalenderreform jedoch ist die Folge der sieben Wochentage aufeinander niemals geändert worden. So hat Gregor XIII. den 4. Oktober 1582 als letzten Tag des Julianischen Kalenders erklärt. Das war ein Donnerstag. Der darauffolgende Tag war der 15. Oktober 1582. Das war dann ein Freitag. Ich finde, daß die Reihenfolge der Wochentage – sieben hintereinander und ununterbrochen nacheinander abgezählt – bei einer zukünftigen Kalenderreform nicht angetastet werden sollte. Das ist das einzige uns über viele Jahrtausende hinweg überlassene Erbe. Es wäre schade, wenn man das zerstörte, nur um künftigen Statistikern die Arbeit zu erleichtern.
Auf der anderen Seite bin ich auch einsichtig genug, mich nicht gegen eine Reform zu sträuben, nur weil sie meine nostalgischen Gefühle verletzt. Jede Epoche der Menschheitskultur verdient den Kalender, den sie für richtig hält. Unsere moderne Zivilisation hat uns gezwungen, von vielen liebgewordenen Vorbildern Abschied zu nehmen und

uns mehr praktischen Lösungen anzupassen. Gewiß, ich könnte dagegen stimmen, daß man an diesem seit mehr als 3000 Jahren gültigen Rhythmus der sieben Wochentage etwas ändern sollte. Irgendwie sind wir das den alten Kalendermachern, die auf ihre Weise dieses Problem doch recht sauber gelöst haben, schuldig. Allerdings können wir auch keinen modernen Kalender machen, ohne diesen Rhythmus der Wochentage zu zerstören. Das liegt leider daran, daß die Zahlen 365 beziehungsweise 366 nicht durch sieben teilbar sind.
Nun hast Du mir ja geschrieben, daß Du erst 14 Jahre alt bist, und vielleicht habe ich mit meinen letzten Bemerkungen zuviel gesagt. Andererseits hast Du nur alle vier Jahre einen richtigen Geburtstag. Im Jahr 1980 und im Jahr 1984 gibt es wieder einen 29. Februar, wenn bis dahin nicht ohnehin ein neuer Weltkalender eingeführt sein wird. Dann bist Du schon 16 oder gar 20 Jahre alt; ich schlage vor, daß Du dann an diesem Deinen richtigen Geburtstag meinen Brief noch einmal zur Hand nimmst. Vielleicht wirst Du verstehen, weshalb ich einem ausgeglichenen Kalender mit besser verteilten Monatslängen durchaus zustimmen würde.
Nun hast Du, so hoffe ich, noch ein paar Gründe erfahren, weshalb Du auf Deinen schönen und ausgefallenen Geburtstag stolz sein kannst.
Mit herzlichem Gruß

Dein Heinz Haber

7

Sehr geehrter Herr Professor Haber!

Ich wende mich heute mit der Bitte an Sie, mir bei der Lösung eines Problems behilflich zu sein.
Neulich habe ich mich mit einem Freund unterhalten, mit dem ich oft im Zahlenlotto spiele. Dabei kommen wir uns manchmal in die Haare, weil er am liebsten nach einem bestimmten System spielt. Er hat mir das zwar nie richtig erklären können – er schwört aber darauf. Wir haben manchmal mit seinem System schon ganz schön gewonnen, und deshalb schwört er darauf. In den Wochen, in denen wir verloren haben, zuckt er nur die Schultern, läßt sich aber von seiner Überzeugung nicht abbringen. Meine Glückszahl ist die Elf, die ich eigentlich jede Woche benutze. Wenn ich sie dann wieder einsetze, sagt mein Freund, das dürfe ich jetzt bestimmt nicht tun, denn die Elf sei schon dreimal hintereinander gekommen.
Auch habe ich oft gehört, daß es beim Roulett Systeme gibt, die von erfahrenen Spielern sogar für teures Geld verkauft werden. Wie steht es denn damit? Sie sind doch Mathematiker, und Sie müßten dann doch solche Systeme kennen. Ich wäre Ihnen sehr dankbar, wenn Sie mir etwas darüber schreiben könnten. Vor allem möchte ich Sie fragen: Sind Sie selbst eine Spielernatur?
Mit bestem Dank für Ihre Bemühungen und mit herzlichem Gruß

Ihr

Gerhard G.

Gibt es im Zahlenlotto und beim Roulett Gewinnsysteme?

Sehr geehrter Herr G.

Für Ihren Brief möchte ich Ihnen sehr danken und die letzte Frage gleich beantworten. Ich bin keine Spielernatur. Ich bin aber auch kein Mathematiker, wie Sie vermuteten, sondern habe Mathematik als Physiker und Astronom nur im Nebenfach studiert. Trotzdem aber hat das für mich ausgereicht, um mich vor dem Spielteufel jeder Art zu bewahren.

Jedes Spiel und jede Wette ist ja eine Herausforderung an das Glück und an den Zufall oder die Chance, wie Sie es auch nennen wollen. Da die meisten Spiele und Wettformen mit Zahlen zu tun haben, lassen sich die Chancen für jedes Spiel mathematisch genau berechnen. Das klingt widersprüchlich, wenn ich das so hinschreibe, denn die Worte »Chance« und »genau« scheinen nicht so recht zusammenzupassen. Dennoch gibt es einen sehr bekannten und auch schon ziemlich alten Zweig der Mathematik, der sich mit diesem Problem beschäftigt; man nennt diesen Zweig »Wahrscheinlichkeitsrechnung«. Der berühmte französische Mathematiker Blaise Pascal hat schon vor mehreren hundert Jahren diese Probleme mit großem Scharfsinn durchdacht. Pascal hat sich schon als Kind sehr für Mathematik interessiert; er war ein blasser und kränklicher Junge und litt sehr unter Kopfschmerzen. Man hat von ihm erzählt, daß er mit Rechenaufgaben von seinen Kopfschmerzen Erleichterung suchte. Bei uns allen war es als Schüler meist umgekehrt. Wir haben mit dem Vorwand, wir hätten Kopfschmerzen, Erleichterung von Rechenaufgaben gesucht.

Von Pascal stammt nun die Erkenntnis, daß der Begriff Wahrscheinlichkeit durch einen algebraischen Bruch darzustellen ist. Dazu aller-

dings ist zu sagen, daß der mathematische Begriff der Wahrscheinlichkeit nichts damit zu tun hat, wie wir dieses Wort im täglichen Leben benutzen. Wenn Sie bei Abfassung Ihres Briefes zum Beispiel Ihrem Freund gesagt haben: »Professor Haber wird mir wahrscheinlich antworten«, so haben Sie damit zwar nur eine Hoffnung ausgedrückt, aber auf einen Antwortbrief konnten Sie sich nicht hundertprozentig verlassen. Wir benutzen das Wort »wahrscheinlich«, wenn wir unserer Sache eben nicht sicher sind.
In der mathematischen Theorie der Wahrscheinlichkeit von Blaise Pascal ist es völlig anders. Das kann ich Ihnen am besten an dem einfachsten Wettspiel klarmachen, das wir alle schon Hunderte von Malen benutzt haben, immer dann, wenn es darum ging, eine Entscheidung zwischen zwei Möglichkeiten zu treffen und es vielleicht am besten dem Zufall überlassen wollten. Dann nämlich nehmen wir eine Münze, werfen sie wirbelnd in die Luft und warten, wie sie »zufällt« – Kopf oder Zahl. Das ist ein sehr faires Spiel, denn die Wahrscheinlichkeit, daß die Münze auf die eine oder andere Seite fällt, ist genau 50 Prozent. Gewiß, der Fall der Münze ist auch durch den Ablauf der Kausalgesetze bestimmt. Beim Wurf der Münze jedoch spielen so viele Ursachen eine Rolle, die dann schließlich in ihrer Summe dazu führen, daß die Münze Kopf oder Zahl zeigt. Gerade weil sich das Resultat wegen der Kompliziertheit der Bewegungen der Münze nicht voraussehen läßt, kann man ja einen Münzenwurf zum Losen benutzen. Die mathematische Behauptung, daß die Wahrscheinlichkeit für Kopf und Zahl je 50 Prozent (oder wie der Mathematiker sagt, gleich $^1/_2$ ist) beträgt, läßt sich nicht nur gedanklich ableiten, sondern auch experimentell bestätigen. Allerdings müssen Sie die Münze viele tausendmal werfen, damit die Zahl der Köpfe und Zahlen möglichst genau die Hälfte der Zahl der Würfe beträgt. Vielleicht bringen Sie die Geduld auf, ein Fünf-Mark-Stück hunderttausendmal in die Luft zu werfen. Sie können sich die Mühe aber auch sparen, denn Kopf und Zahl werden sich die hunderttausend mit einer erstaunlichen Genauigkeit brüderlich teilen.
Bei diesem Experiment jedoch müssen zwei Bedingungen eingehalten werden. Es wird bei hunderttausend Würfen bestimmt einige Male vorkommen, daß die Münze auf der Kante stehen bleibt. Solche Ergebnisse werden einfach nicht mitgezählt. Zum zweiten darf die Münze auf einer Seite nicht beschwert sein. Richtig funktioniert das Experiment nur mit einer polierten Scheibe, die durch und durch völ-

lig gleichförmig ist. Die Richtigkeit unserer bisherigen Überlegung wird überhaupt nicht widerlegt, wenn bei den ersten 20 Würfen 17mal Kopf und nur dreimal Zahl kam. Sie müssen nur geduldig sein. Dieses kopflastige Ergebnis wird sich schon ausgleichen, wenn Sie in die großen Zahlen kommen. Deshalb spricht man ja auch vom Gesetz der großen Zahl. Außerdem gibt es ein Grundgesetz der Wahrscheinlichkeitsrechnung, wenn man es auf Systeme wie bei geworfenen Münzen anwendet: Jeder Wurf ist wieder ein völlig neues Ereignis, und sein Ergebnis hängt überhaupt nicht davon ab, ob die Münze zuvor entweder Kopf oder Zahl gezeigt hat. Selbst wenn dutzendmal hintereinander Kopf kam, ist beim dreizehnten Wurf die Wahrscheinlichkeit für die eine oder andere Seite genauso groß wie beim ersten Wurf.

Damit habe ich eigentlich schon die Frage beantwortet, die Sie mit Ihrer Glückszahl, der Elf, an mich gestellt haben. Wenn Ihr Freund behauptet, die Elf sei doch schon dreimal hintereinander gekommen, so daß man sie in dieser Woche am besten nicht ankreuzt, so hat er damit völlig unrecht. Wenn dann am nächsten Samstagabend die Ziehung stattfindet, dann wissen doch weder die Maschine noch die Kugel mit der Nummer 11, daß sie an den drei vorangegangenen Samstagen gezogen wurde. Voraussetzung allerdings ist, daß die 49 Kugeln alle gleich groß, gleich schwer und gleich glatt sind. Dann hat nämlich jede von ihnen genau die gleiche Chance, und zwar immer wieder an jedem Samstag, unter den sieben gezogenen Kugeln zu sein. Deshalb ist im Fernsehen bei der Ziehung ja auch immer ein Notar dabei, der nicht nur die gezogenen Nummern offiziell und notariell beglaubigt, sondern sich auch davon überzeugt, daß keine der Kugeln etwa »kopflastig« ist.

Das ganze Beispiel allein reicht uns schon aus, den mathematischen Begriff der Wahrscheinlichkeit nach Pascal eben als einen Bruch hinzuschreiben. Die Chance für ein Ereignis ist die Zahl des einzelnen Ereignisses dividiert durch die Zahl der gesamten Möglichkeiten. Im Fall der Münze ist die Zahl der Einzelereignisse nämlich Kopf *oder* Zahl = 1. Die Zahl der gesamten Möglichkeiten jedoch ist zwei, denn die Münze kann ja so oder anders herum fallen. Die Wahrscheinlichkeit für das Eintreten sowohl des Kopfes als auch der Zahl bei einem einzelnen Wurf ist demnach $1:2 = \frac{1}{2}$.

Das Beispiel mit den Münzen ist vielleicht zu einfach, und ich möchte jetzt zu einem anderen Spiel übergehen, bei dem die Möglichkeiten für verschiedene Würfe sehr viel größer sind. Beginnen wir einmal mit einem Würfel, der bekanntlich sechs Flächen hat. Hier haben wir also sechs Möglichkeiten, nämlich die Zahlen 1 bis 6, und nach jedem Wurf liegt nur eine Zahl oben. Wenn der Würfel »brennt«, gilt es nicht, aber solche Kantenfälle haben wir schon bei der Münze ausgeschlossen. Voraussetzung vor allem ist es wieder, daß das kein Falschspielerwürfel ist, der kopflastig ist. Die Wahrscheinlichkeit, mit einem einzigen Würfel eine bestimmte Zahl zu würfeln, ist demnach $\frac{1}{6}$. Wenn Sie also 600mal würfeln, dann wird jedes dieser sechs Ergebnisse ziemlich genau hundertmal vorkommen. Wenn Ihnen die Abweichungen dann noch zu groß sind, können Sie ja sechshunderttausendmal würfeln, dann kommen Sie prozentmäßig noch näher an die je hunderttausend Würfe für jede Zahl heran. Bei so viel Würfen allerdings würde es sich schon bemerkbar machen, daß der Würfel auf der Seite mit der Sechs wegen der sechs kleinen Vertiefungen ein bißchen leichter ist als auf der gegenüberliegenden Seite mit der Eins. Die Sechs wird also bei diesen ganz großen Zahlen ein bißchen häufiger sein. Der Unterschied ist allerdings so klein, daß auch sehr pedantische Verlierer das noch nie beanstandet haben.

Nun ist das Würfeln mit einem Würfel ja ziemlich langweilig, und deshalb benutzt man 2, 3 oder sogar 6 Würfel. Es gibt da zahllose Variationen dieses Spiels. Trotzdem erlaubt es die Wahrscheinlichkeitsrechnung, die Chance für einen bestimmten Wurf genau zu berechnen. (Nachdem ich das jetzt schon ziemlich ausführlich beschrieben habe, stört Sie wohl nicht mehr, daß ich im gleichen Satz von »Chance« und »genau« rede.) Nehmen wir einmal zwei Würfel, die ich gleichzeitig werfe. Dabei kann ich ja jede Zahl zwischen 2 und 12 würfeln. Allerdings kommen diese elf verschiedenen Ergebnisse nicht gleich oft vor, und wir wollen jetzt einmal die Wahrscheinlichkeit berechnen, daß man irgendeine der elf Zahlen, etwa die Vier oder die Neun erwürfelt. Dazu habe ich Ihnen im Bild (Seite 129) ein quadratisches Schema bereitgestellt. Auf der waagrechten Seite des Quadrates sind die sechs Möglichkeiten des ersten Würfels, auf der senkrechten Seite sind die sechs Möglichkeiten des zweiten Würfels aufgezeichnet. Insgesamt haben wir also 36 verschiedene Felder, das heißt, es gibt 36 Kombinationen, mit denen zwei Würfel fallen können.

In jedem der 36 Felder habe ich die Möglichkeiten der Würfe angeführt und die Punkte zusammengezählt. Dabei sehen Sie, daß die

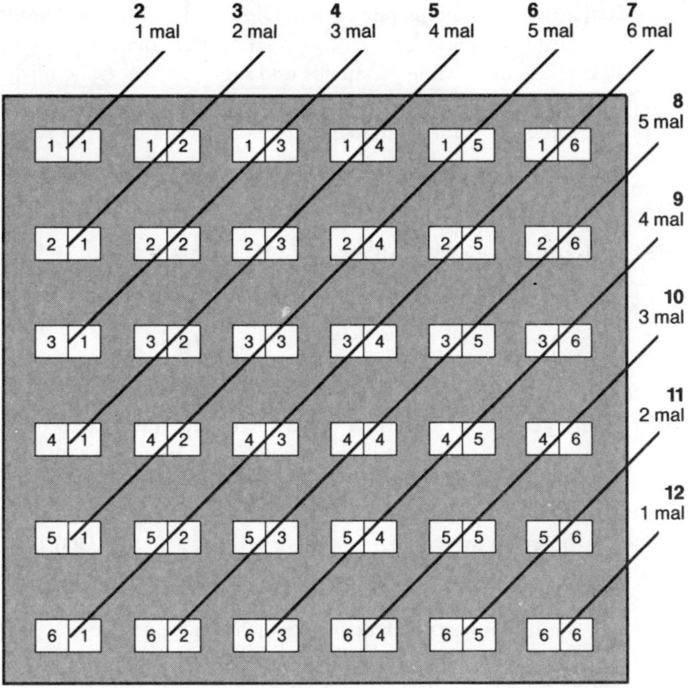

Bei einem Wurf mit zwei Würfeln gleichzeitig können die Zahlen zwischen 2 und 12 erwürfelt werden. Dabei gibt es insgesamt 36 mögliche Ergebnisse, wobei die Summenergebnisse verschieden häufig auftreten. Das Schema zeigt auf Anhieb die Wahrscheinlichkeit, mit der ein bestimmtes Ergebnis mit zwei Würfeln erwürfelt werden kann.

Summe 2 und 12 nur je einmal vorgekommen ist. Die 3 und die 11 kommen je zweimal vor, und Sie sehen, daß die gleichen Summen in diesem Schema diagonal zu liegen kommen: 4 und 10 je dreimal, 5 und 9 je viermal, 6 und 8 je fünfmal, und die 7 allein kommt sechsmal vor. Das sind also für einen jeden Wurf die unterschiedlichen Mög-

lichkeiten unter allen möglichen Fällen. Die 2 und 12 kommen unter 36 Fällen nur je einmal vor. Sie sind also sehr selten; der Mathematiker drückt das zahlenmäßig genau aus und sagt, die Wahrscheinlichkeit für eine Zwei oder eine Zwölf mit zwei Würfeln bei einem Wurf ist $\frac{1}{36}$. Die anderen Wahrscheinlichkeiten können Sie sich jetzt selbst ausrechnen. Beispielsweise ist sie gleich groß bei einer 5 oder einer 9, und zwar beträgt sie für jeden dieser beiden Fälle $\frac{4}{36}$ oder gleich $\frac{1}{9}$. Die Zahl 7 kommt als einzige sechsmal vor und ist damit der häufigste Fall. Die Wahrscheinlichkeit, mit zwei Würfeln eine 7 zu würfeln, beträgt daher $\frac{1}{6}$. Das ist der Grund, weshalb die 7 beim Würfeln mit zwei Würfeln eine so große Rolle spielt, ebenso auch wie die Extremfälle 2 und 12, die am seltensten sind.
Gelegentlich knoble ich auch mal am Biertresen – nicht weil ich ein Spieler bin, sondern weil es mir wie jedem anderen auch Spaß macht. Auch überlege ich mir natürlich dabei nicht dauernd diese Wahrscheinlichkeiten. Manchmal aber benutze ich diese Erkenntnisse doch dazu, um meine Gewinnchancen bei einem kritischen Wurf abschätzen zu können. Denn beim Würfelspiel – mit Ausnahme von einigen raffinierten Systemen – kommt es nicht so sehr auf Taktik an, bei der einem die Wahrscheinlichkeitsrechnung entscheidend helfen könnte.
Jetzt habe ich Ihnen eigentlich die wesentlichsten Begriffe der Wahrscheinlichkeitsrechnung erläutert, so daß wir mit der gleichen kalten Berechnung an das Roulett und an das Zahlenlotto gehen können. Das Roulett ist sehr viel raffinierter gebaut als eine Handvoll Würfel, und ich bin gewiß kein solcher Pedant, als daß mich ein Spielkasino mit der ihm eigenen Atmosphäre nicht etwa faszinieren würde. Trotzdem habe ich auch bei mehreren Besuchen in Kasinos am Spiel weit weniger Freude gehabt als an der Beobachtung anderer Spieler. Mir geht nämlich dabei immer durch den Kopf, daß das Kasino Nacht für Nacht im Schnitt am gesamten Umsatz, der über den Filz rollt, mit $\frac{1}{37}$, das heißt genau mit 2,7027027 . . . Prozent beteiligt ist und diesen Anteil jahraus, jahrein kassiert. Das Prinzip des Rouletts kennen Sie ja. Auf dem Filz befinden sich 36 Felder, die mit Zahlen versehen sind; dazu gibt es noch Felder für rot und schwarz, gerade und ungerade und die Summe der ersten Achtzehn und der zweiten Achtzehn. Dazu kommt noch die grüne Null. Das Glücksrad hat entsprechende Felder, in die nach einem sehr alten Ritus die Kugel in das drehende Glücksrad hineingeworfen wird, um dann schließlich zu landen. Es

gibt dabei eine große Zahl von Möglichkeiten, Ihren Jeton auf dem Filz zu placieren, und je nach dem Fall der Kugel gewinnen oder verlieren Sie. Für Ihre Gewinnchancen können Sie sich verschiedene Möglichkeiten aussuchen.
Ich brauche auf diese Details überhaupt nicht einzugehen, wenn ich Ihnen jetzt sämtliche Spielarten in einem einfachen Einheitsspiel zusammenfasse. Darauf nämlich laufen die Summen aller Spiele während eines ganzen Jahres zusammen.
Stellen Sie sich bitte vor, wir haben 37 Spieler, 18 von ihnen setzen auf Schwarz, 18 von ihnen setzen auf Rot und einer setzt auf die Null. Dann rollt die Kugel. Es gibt nun drei Möglichkeiten: Erstens, die Kugel fällt auf Schwarz, dann haben alle roten Spieler verloren, und ihr Jeton wird einkassiert. Diese 18 Jetons benützt die Spielbank, um damit die Gewinner mit den schwarzen Jetons auszuzahlen, die gleichzeitig auch ihren Einsatz zurückbekommen. Der Mann, der auf Null gesetzt hat, hat aber auch verloren, denn die Null ist ja grün. Diesen Jeton kassiert die Bank. Sie hat also von dem Umsatz von 37 Jetons einen kassiert, das heißt $\frac{1}{37}$, und das sind eben die 2,7027027 ...%. Der zweite Fall ist auch klar, wenn die Kugel auf Rot fällt. Dann schiebt die Bank die Jetons nur von rechts nach links anstatt von links nach rechts, und der Jeton auf der Null wird wieder kassiert. Nun kann die Kugel allerdings auch auf die Null fallen, dann gewinnt dieser Mann den 36fachen Einsatz. In diesem Fall haben aber die schwarzen und roten Spieler verloren, so daß die Bank genau 36 Jetons kassiert, mit denen sie den Null-Mann auszahlen kann. Den Jeton auf Null kassiert sie auch wieder.

Nun können Sie sich drehen und wenden, wie Sie wollen – auch bei den raffiniertesten Kombinationen (die alle einen schicken französischen Namen haben) benutzt die Bank genau die Ergebnisse der Wahrscheinlichkeitsrechnung, um ihre Auszahlungen zu berechnen. Ich möchte Ihnen das nicht im einzelnen vorrechnen – Sie können es mir aber glauben; ich habe es durchgerechnet.
Freilich funktioniert das auch nur nach dem Gesetz der großen Zahl. Da Spielkasinos aber sehr gut besucht sind, kommen im Jahr genügend Spiele zusammen, daß der Gewinn von $\frac{1}{37}$ mit einer erstaunlichen Genauigkeit herauskommt. Daß die Bank auf die Dauer gewinnen muß und daß sie Spielergewinne aus den Verlusten anderer Spieler begleicht, können Sie schon aus einer Tatsache ablesen: wenn das nicht so wäre, gäbe es keine Spielkasinos.
Nun aber zu den berühmten Systemen. Als Mathematiker kann ich Ihnen auch ohne jede Kenntnis eines jeden Systems sagen, daß es nicht funktioniert. Wenn ein Spielbankenbesitzer die Lizenz erwirbt und in ein schickes Kasino investiert, dann kann er sich auch das Honorar eines ausgezeichneten Mathematikers leisten, der ihm die Chancen so berechnet, daß er nicht verlieren kann. Ja, heutzutage braucht er das nicht einmal; denn diese Chancen haben Mathematiker seit Pascal schon längst umsonst ausgerechnet. So ist es auch ein völlig witzloses Unterfangen, wenn abergläubische, fanatische Spieler jahrelang jede Nacht den Fall der Kugel getreulich registrieren, um daraus irgendwelche Serien ablesen zu wollen. Wir haben ja gesehen, daß genau wie beim Fall der Münze jeder neue Wurf der Kugel ein völlig neues und von der Vergangenheit absolut unabhängiges Ereignis ist. Deshalb kann es keine »Serien« geben. Sollte allerdings Ihre Glückszahl 11 so häufig fallen, daß dies der Wahrscheinlichkeitsrechnung unter Einschluß der sogenannten statistischen Schwankungen entspricht, dann bemerkt der Chefcroupier das recht bald. Dann stimmt nämlich vermutlich etwas an der Kugel nicht, oder die Trennfächer des Faches 11 sind leicht eingedellt oder das Kugellager der fein ausgewogenen Glücksschale läuft nicht mehr präzise. Aus diesem Grund werden diese mechanischen Elemente eines Rouletts mit peinlichster Sorgfalt immer wieder geprüft. Das geschieht nicht etwa aus Fairneß dem Spieler gegenüber – keineswegs. Der Besitzer des Spielkasinos braucht ja den großen Durchschnittswert, und jede Kopflastigkeit in seiner Apparatur könnte von einem gewitzten Spieler noch vor dem Chefcroupier bemerkt werden.

Keine Spielbank hat uns erlaubt, die Lagerkonstruktion eines Roulett-Tellers zu photographieren. Aber selbst bei Spiel-Rouletts für Kinder ist der Teller auf einer sehr feinen Spitze gelagert, so daß er einwandfrei läuft.

Es gibt nur ein einziges System, nach dem man am Roulett tatsächlich gewinnen kann. Eigentlich alle Systeme, die eine Zeitlang funktionieren, sind nur Abarten dieses Systems. Es wurde bereits von Pascal entdeckt und ist sehr simpel:

Gehen Sie in ein Kasino und setzen Sie bei jedem Einsatz immer auf Schwarz, und zwar immer eine Mark. Wenn Sie gewinnen, streichen Sie den Gewinn ein. Wenn Sie verlieren, verdoppeln Sie den Einsatz; wenn dann allerdings Rot viermal hintereinander kommt, haben Sie insgesamt 1 + 2 + 4 + 8, das heißt 15 Mark verloren. Im nächsten Spiel müssen Sie 16 einsetzen, und jetzt will ich Sie einmal gewinnen lassen. Dann haben Sie einen Gewinn von 16 Mark plus Ihren Einsatz von 16 Mark; bei einem Einsatz von 31 Mark haben Sie also netto 1 Mark gewonnen. Grundsätzlich ist es bei diesem Verdoppelungssystem unweigerlich der Fall, daß Sie jedesmal, wenn die Farbe wechselt, eine Mark gewinnen. Allerdings können Sie Pech haben, daß sehr oft hintereinander Rot kommt, und die Regel zwingt Sie bei der dauernden Verdoppelung sehr bald, mit ziemlich hohen Einsätzen zu spielen. Irgendwann erreichen Sie dann die Grenze, deren Überschreitung Ihnen die Spielbank verbietet. Überall steht nämlich zu lesen, daß bei jedem einzelnen Spiel nur bis zu einer Höchstsumme, dem sogenannten »Limit«, eingesetzt werden darf.

Viele Leute glauben, daß diese Regel reine Menschenfreundlichkeit sei, um zu verhindern, daß ein unbeherrschter Spieler Hab und Gut verpraßt und zur Pistole greifen muß. Das Gegenteil ist der Fall. Dieses Limit ist der Schutz der Banken gegen die Anwendung des oben beschriebenen mathematisch nachweisbaren einzigen Systems, mit

dem man die Bank ausnehmen kann. Gewiß, Sie können mit diesem System über eine längere Zahl von Spielen hinweg, mit zum Teil recht erheblichem Einsatz, immer nacheinander eine Mark gewinnen. Ebenfalls nach dem Gesetz der Wahrscheinlichkeitsrechnung, welches die gerissenen Mathematiker den Kasinobesitzern schon seit über hundert Jahren verraten haben, ereignet sich dann eine Serie, und Sie verlieren auf einen Schlag alles das, was Sie gewonnen haben. Sie haben es bestimmt schon erraten: Wenn tausend Spieler das System spielen, dann kommen mit diesem Limit genauso viele Spieler ins Schleudern, damit die Bank auch wieder ihre 2,7027027 . . . Prozent kassiert. Das ist der Grund, weshalb sich tüchtige Geschäftsleute in aller Welt um Spielbanklizenzen bemühen.
Nun zum Zahlenlotto, dem Lieblingswochenspiel vieler Leute. Auch hier lassen sich die Gewinnchancen mathematisch genau berechnen, und denken Sie nicht, daß das, was ich Ihnen jetzt erzähle, den Veranstaltern des Zahlenlottos etwa neu wäre. Sie haben bei diesem Spiel die Möglichkeit, sechs aus neunundvierzig Zahlen anzukreuzen. Dann werden sechs Kugeln aus einem Topf von 49 Kugeln gezogen, wie Sie das jede Woche am Fernsehen ja beobachten können. Die Zusatzzahl wollen wir bei unseren Betrachtungen einmal weglassen; sie macht die Sache nur etwas kompliziert, ändert aber nichts an den knallharten mathematischen Tatsachen. Es stellt sich nun die Frage, wie groß ist die Wahrscheinlichkeit, sechs Richtige zu haben? Diese Wahrscheinlichkeit kann man ausrechnen. Man muß nur wissen, wie viele Möglichkeiten es gibt, sechs Zahlengruppen aus 49 Zahlen herauszulesen. Dafür gibt es eine mathematische Formel.
Damit die Dinge etwas übersichtlicher werden, will ich das Spiel einmal mit kleineren Zahlen durchspielen. Wir nehmen einmal statt 49 nur fünf Zahlen und statt sechs Zahlen, die man aussuchen muß, nehmen wir nur zwei. Statt »6 aus 49« spielen wir also »2 aus 5«. Die Gruppe 1 bis 2 ist dabei dasselbe wie die Gruppe 2 bis 1. Die Zahl der Möglichkeiten können wir sofort ermitteln, wenn wir sie regelmäßig anordnen. Wir schreiben

1–2 1–3 1–4 1–5

Damit haben wir alle Zahlengruppen erschöpft, die eine 1 enthalten; wir fahren fort:

2–3 2–4 2–5

Nun haben wir die Zahlengruppen, die eine 2 enthalten, erschöpft.

Den Rest können Sie selbst sehen, nämlich:

3–4 3–5

und

4–5.

Insgesamt sind es zehn Möglichkeiten. Die Wahrscheinlichkeit beim Zahlenlotto 2 aus 5 zu gewinnen, beträgt daher bei einem einzigen Spiel $\frac{1}{10}$. Ich möchte Ihnen nun die Formel hinschreiben, aus der Sie das Ergebnis von zehn Möglichkeiten beim Spiel »2 aus 5« berechnen können. Die Formel lautet:

$$\frac{5 \times 4}{1 \times 2} = 10$$

Im Zähler dieses Bruches steht dabei die Zahl 5 (die Anzahl der angegebenen Zahlen) multipliziert mit 4, eine Zahl, die um 1 vermindert ist. Im Nenner steht 1 × 2, das ist das Produkt der Zahlen bis 2, weil nämlich 2 aus 5 Zahlen gewählt werden sollen. Diese Formel gilt allgemein für alle Spiele solcher Art. Die Formel für die Zahl der Möglichkeiten des Spieles 6 aus 49 lautet dabei:

$$\frac{49 \times 48 \times 47 \times 46 \times 45 \times 44}{1 \times 2 \times 3 \times 4 \times 5 \times 6}$$

Im Zähler haben wir wieder mit der 49 angefangen, da ja 49 Zahlen, aus denen man wählen kann, zur Verfügung stehen. Diese Zahl muß ich nun laufend mit Zahlen multiplizieren, die jeweils um 1 kleiner sind. Das mache ich so lange, bis 6 Zahlen im Zähler stehen, da ich ja 6 aus 49 wählen muß. Der Nenner ist einfach. Da muß ich einfach die ersten 6 Zahlen miteinander multiplizieren.

Es ist etwas mühsam, diese Zahl auszurechnen. Indessen haben Sie bestimmt einen Taschenrechner. Dabei kommt folgendes heraus: 13983816 (in Worten: dreizehn Millionen neunhundertdreiundachtzigtausendachthundertsechzehn). Die Wahrscheinlichkeit also, sechs Richtige zu tippen, ist rund ein Vierzehnmillionstel; also wenn rund 14 Millionen Spieler jeweils nur eine Sechsergruppe ankreuzen, gewinnt im Schnitt nur einer. Das ist eine ziemlich miese Chance, die allerdings auch sehr hoch belohnt wird. Nur möchte ich ungern die Altersversorgung meiner Witwe darauf aufbauen . . .

Nun ist es ja so, daß die Veranstalter des Zahlenlottos außer den Haupttreffern auch noch zusätzliche Gewinne auszahlen. Ich habe mich mit dem Zahlenlotto – da ich nicht spiele – noch nicht so beschäftigt, um die Auszahlungsquoten für fünf Richtige, für vier Richtige und für drei Richtige zu kennen. Ich weiß nicht, gibt es für drei Richtige überhaupt noch etwas? Ich will Sie mit der Mathematik nicht weiter belästigen, Ihnen aber die Ergebnisse für die Chancen eines 5-, 4- oder 3er Treffers hinschreiben. Ich muß das natürlich summarisch machen. Nehmen wir einmal an, jede Woche würden rund 14 Millionen Spieler je eine Sechsergruppe abgeben. Ich weiß, daß das nicht geht, denn man muß einen ganzen Schein ausfüllen. Aber damit ich nicht soviel rechnen muß, machen wir einmal diese Annahme. Die Ergebnisse sehen Sie in dieser Tabelle:

Treffertyp	Anzahl der Gewinner
6 Richtige	1
5 Richtige	7,33
4 Richtige	69,61
3 Richtige	759
2 Richtige	11891
1 Richtiger	285384

Nach den Ergebnissen dieser Wahrscheinlichkeitsrechnung sind auch die Auszahlungsquoten berechnet, damit der Veranstalter des Zahlenlottos seine Steuern und Betriebskosten bezahlen kann und selber auch noch einen für seine Mühe durchaus angemessenen Gewinn einstreichen kann. Diesen Gewinn wollen wir dem Veranstalter – und darin sind wir uns ja wohl einig – bestimmt gönnen, denn er macht damit vielen Leuten jede Woche für wenig Geld einen großen Spaß. Insgesamt gesehen, sind die Gewinnchancen trotz der zu erzielenden Millionenbeträge wesentlich schlechter als beim Roulett.
Nach den Gesetzen der Wahrscheinlichkeit kann es auch beim Zahlenlotto überhaupt kein System geben, das funktioniert. Genauso wie beim Wurf unserer Münzen sind lange Serien von Köpfen hintereinander kein Beweis gegen die Gesetze der Wahrscheinlichkeitsrechnung. Die meisten Systeme erleichtern gewohnheitsmäßigen Lottospielern eigentlich nur die Wahl der Zahlen. Sie werden selbst schon erlebt haben, daß man schon beim Ausfüllen des fünften oder sechsten Blocks gar nicht mehr weiß, was man ankreuzen soll.
Ich habe mir einmal überlegt, wie man beim Zahlenlotto wenigstens die Gewinne, wenn man schon gewinnt, erhöhen kann. Viele Leute nämlich benutzen Zahlen, welche mit ihren Geburtsdaten oder mit denen ihrer näheren Verwandten übereinstimmen. Nun haben ja die

Monate nur 31 Tage und das Jahr hat nur zwölf Monate. Wenn man also ein beliebiges Geburtsdatum nach Tag, Monat und Jahr hinschreibt, so kommen die Zahlen 1 bis 12 sehr häufig und die Zahlen 1 bis 31 auch noch häufig vor – häufiger jedenfalls als die Zahlen von 32 bis 49. Deshalb habe ich den Schluß gezogen, daß in der Masse der Tipper die Zahlen von 1 bis 31 öfter angekreuzt werden als die Zahlen zwischen 32 und 49. Beim Tippen würde ich daher die 30er und 40er Zahlen bevorzugen. Fällt dann auf diese Zahlengruppe ein Gewinn, dann besteht eine etwas größere Wahrscheinlichkeit, daß weniger Leute mit mir zusammen gewonnen haben. Mein Gewinnanteil wird daher in allen Kategorien etwas höher sein. Die Chance eines Gewinnes überhaupt kann ich damit allerdings nicht beeinflussen. Wäre ich ein Spieler, so würde ich mich gar nicht scheuen, in der Woche darauf die sieben gezogenen Kugeln stur noch einmal anzukreuzen. Die Wahrscheinlichkeit für eine Wiederholung dieser Kombination ist nämlich ganz genau so groß wie für jede andere: nämlich ein Vierzehnmillionstel.

Hoffentlich habe ich Ihnen mit meinem Antwortbrief den Spaß am Spiel nicht verdorben. Unabhängig von diesen kalten Berechnungen besteht natürlich immer noch der Reiz der Chance. Deswegen sind die Spielkasinos auch so gut besucht, es wird in allen Kneipen geknobelt, und das Zahlenlotto blüht. Es könnte ja durchaus sein, daß Sie und Ihr Freund einmal sechs Richtige haben.

Wenn ich die Glücksspiele mit mathematischen Augen betrachte, dann gefällt mir das Fußballtoto eigentlich am besten. Hier kommt doch wenigstens die Erfahrung des Kenners zum Zuge. Da ich selbst den Fußballsport zwar mit Spannung verfolge, mich aber keineswegs als Kenner bezeichnen kann, wäre des Fußballtoto für mich auch ein reines Glücksspiel, da ich die Ergebnisse der Spiele einfach erraten müßte. Der gewiefte Fußballkenner kann hier durchaus Systeme entwickeln, die seine Gewinnchancen ganz erheblich verbessern. Nicht so beim Zahlenlotto oder beim Roulett.

Lassen Sie daher Ihren Freund ruhig sein System weiter benützen. Die Wahrscheinlichkeit eines Gewinnes erhöht er dadurch im Vergleich zu einem systemlosen Tip überhaupt nicht. Dennoch können Sie beide so oder so Glück haben. Dies wünscht Ihnen herzlichst

Ihr

Heinz Haber

8

Sehr geehrter Herr Professor Haber!

Ich wende mich heute mit einer Frage an Sie, die mich schon lange beschäftigt. Zuerst möchte ich mich Ihnen jedoch vorstellen. Ich bin 47 Jahre alt und Geschäftsmann. In den letzten Kriegsmonaten war ich als Mitglied der Hitlerjugend im Volkssturm. Schon damals war es mein Wunsch, Astronomie zu studieren. Dann aber kam mein Vater als Schwerkriegsversehrter aus der Gefangenschaft zurück, und als einziger Sohn mußte ich dann das Geschäft übernehmen. Es war mir daher unmöglich, meinen Wunsch, Astronom zu werden, zu erfüllen. In den Nachkriegsjahren habe ich dann am Neuaufbau der Familienfirma weitergearbeitet, und ich habe damit auch Erfolg gehabt, wenn ich das so sagen darf. Meine Liebe zur Astronomie vergaß ich darüber nicht. Mit großer Spannung habe ich viele Bücher über das Weltall gelesen, und ich wundere mich nur manchmal darüber, daß meine Kollegen über das Weltall so wenig wissen. In diesem Zusammenhang haben mich auch immer die »fliegenden Untertassen« sehr interessiert. Gerade aber aufgrund meiner Kenntnisse von den Planeten und von der Milchstraße habe ich nie so richtig daran geglaubt. Aus Interesse war ich kürzlich in meiner Heimatstadt bei einer Versammlung einer Gesellschaft, die die Ufos erforscht. Dabei wurden Begegnungen mit Ufos geschildert, die mich doch etwas unsicher machten. Aus diesem Grund schreibe ich Ihnen, und ich möchte als Amateurastronom, der sich im Weltall einigermaßen auskennt, die ganz einfache Frage an Sie richten: Glauben Sie als Wissenschaftler an die Existenz der »fliegenden Untertassen«? Auf Ihre Antwort bin ich sehr gespannt.

Mit bestem Gruß

Ihr

Horst H.

Glauben Sie an »fliegende Untertassen«?

Sehr geehrter Herr H.!

In Ihrem Brief, für den ich Ihnen sehr danke, haben Sie die ganz präzise Frage gestellt, ob ich als Wissenschaftler an »fliegende Untertassen« glaube. Diesen Brief könnte ich Ihnen ganz kurz beantworten, indem ich Ihnen ganz einfach schreiben würde: Nein – ich glaube nicht daran!
Sie sind nicht der erste, der diese Frage an mich richtet. Im Archiv meiner Leserpost befinden sich sehr viele Briefe, die von diesem Thema handeln. Mit sehr eindringlichen Argumenten versucht man immer wieder, mich von der Existenz der fliegenden Untertassen zu überzeugen. Auf der anderen Seite habe ich auch schon in der Öffentlichkeit wiederholt betont, daß ich nicht an ihre Existenz glaube. Aus diesem Grund hat man mich auch schon oft beschimpft. Allerdings haben auch solche Briefe nie vermocht, mich von meiner Meinung abzubringen.
Im Rahmen meiner Öffentlichkeitsarbeit halte ich auch öfter Vorträge bei Volkshochschulen, Kulturvereinen und in Buchhandlungen. Einladungen zu solchen Veranstaltungen leiste ich deshalb gerne Folge, weil ich dann im Gegensatz zu der Unpersönlichkeit des Fernsehens naturwissenschaftlich interessierten Menschen persönlich gegenüberstehe. Bei diesen Vorträgen ist es üblich, daß die Zuhörer anschließend Fragen an den Vortragenden stellen. Unabhängig davon, worüber ich gerade etwa eine Stunde lang geredet habe – sei es die Struktur des Weltalls oder die geologische Geschichte unseres Planeten –, immer wieder wird mir dieselbe Frage gestellt: »Glauben Sie an fliegende Untertassen?« Darauf gebe ich dann immer dieselbe Antwort, nämlich schlicht: nein. Selbstverständlich ist mit dieser einfachen Verneinung der Fragesteller nicht zufrieden. Er will wissen, weshalb ich nicht daran glaube. Dann kommt der zweite Teil meiner

Antwort. Er lautet: Ich halte die Existenz der fliegenden Untertassen nicht für unmöglich; ich glaube aber nicht daran, weil mir diese (angeblichen) Erscheinungen sehr unwahrscheinlich vorkommen. Damit sind die Fragesteller natürlich auch nicht zufrieden. An diesem Punkt wende ich mich meistens an den Veranstalter des Vortrages mit der Frage, ob ich nun noch einmal eine Stunde darüber reden dürfte, um diese Meinung zu begründen. Das ist natürlich nicht möglich, denn man kann ja nicht von 300 oder 400 Leuten, die sich meinen Vortrag angehört haben, verlangen, sich noch einen weiteren Vortrag über ein völlig anderes Thema anzuhören.
Wie Sie mir geschrieben haben, sind Sie Amateurastronom. So nehme ich an, daß Sie die Geduld aufbringen werden, die Begründung für meine Antwort zu lesen. Deshalb möchte ich meine Antwort auf die Frage, ob ich an fliegende Untertassen glaube oder nicht, nochmals hinschreiben: Ich halte die Existenz der fliegenden Untertassen nicht für unmöglich; ich halte sie nur für sehr unwahrscheinlich.
Das Stichwort meiner Antwort liegt natürlich in der Aussage »unwahrscheinlich«. Mit dem Begriff »Wahrscheinlichkeit« verbinden nämlich die Mathematiker und die Naturwissenschaftler eine ganz besondere Vorstellung. Unter mathematischer Wahrscheinlichkeit versteht man ein Maß dafür, welche Aussichten man zu erwarten hat, daß ein bestimmtes Ereignis eintrifft. Vielleicht sollte ich Ihnen das an einem handfesten Beispiel erläutern. Nehmen wir einmal an, ein Mann kommt zu mir und erzählt mir, daß er im Zahlenlotto 70mal sechs Richtige getippt hat. Wenn ich das höre, sage ich diesem Mann, daß ich das nicht glaube. Er wird mir dann entgegenhalten, daß so etwas doch möglich sein könnte. Ich aber antworte ihm dann genau mit denselben Worten: Ich halte es für möglich, daß Sie 70mal sechs Richtige getippt haben. Ich glaube es aber nicht, weil es zu »unwahrscheinlich« ist.
In einem solchen Fall gibt uns die Wahrscheinlichkeitsrechnung eine Handhabe, auszurechnen, wie wahrscheinlich – oder besser gesagt wie unwahrscheinlich – es ist, daß dieser Mann mit seiner Behauptung recht hat. Es gibt ja bekanntlich fast genau 14 Millionen Möglichkeiten, sechs Zahlen aus 49 Zahlen herauszugreifen; die Wahrscheinlichkeit eines Treffers ist daher – mathematisch ausgedrückt – 1:14000000. Dieses Ergebnis wird auch durch die Erfahrung bestätigt. Da im Zahlenlotto pro Woche im Schnitt etwa 30 bis 40 Millio-

nen Tipzettel abgegeben werden, gibt es in jeder Woche einen, zwei oder auch drei Haupttreffer. Manchmal gibt es aber auch keinen. Im Gegensatz zu diesen Erfahrungswerten behauptet nun dieser Mann, daß er 70mal sechs Richtige getippt hat. Die Wahrscheinlichkeit, daß sich so etwas ereignet, ist nämlich dann ein Siebzigstel von 1:14000000, da er dieses Kunststück ja 70mal fertiggebracht haben will. Die mathematische Wahrscheinlichkeit, daß dieser Mann mit seiner Behauptung recht hat, beträgt daher eins zu einer Milliarde. Jetzt verstehen Sie vielleicht, weshalb ich einem solchen Mann seine Behauptung, 70mal sechs Richtige getippt zu haben, nicht abnehme. Die Wahrscheinlichkeit dafür ist mir zu klein.

Vielleicht habe ich Ihnen nun ein Beispiel geliefert, in dem es um viel zu große Zahlen geht. Deshalb möchte ich Ihnen ein Erlebnis aus meinem eigenen Berufsleben schildern.

Während der Zeit, die ich in den Vereinigten Staaten verbrachte, war ich bei drei verschiedenen Instituten angestellt. Zunächst war ich fünf Jahre bei einem Forschungsinstitut der amerikanischen Luftwaffe in San Antonio in Texas. Dann war ich Fakultätsmitglied der Universität von Los Angeles in Kalifornien. Zum dritten war ich wissenschaftlicher Chefkonsultant in den Walt-Disney-Studios, ebenfalls in Kalifornien. Nun wissen Sie ja, daß es bei den Telefonanschlüssen jeder größeren Organisation sogenannte Durchwahlnummern gibt. Da meine Auftraggeber keine Riesenorganisationen waren, reichten dort dreistellige Durchwahlnummern aus. In Texas hatte ich die Durchwahlnummer 552. Es hat mir nur Spaß gemacht, als mir bei meinem Umzug an die Universität von Kalifornien in Los Angeles ebenfalls wieder die Durchwahlnummer 552 zugeteilt wurde. Das war natürlich ein Zufall, denn ich hätte ja jede andere Nummer von 1 bis 999 bekommen können. Mathematisch gesehen war die Wahrscheinlichkeit, in Los Angeles wieder dieselbe Durchwahlnummer zu bekommen, eins zu tausend, denn es gab ja noch weitere 999 andere Nummern, die ich auch hätte bekommen können.

Es war für mich als Mathematiker eine besondere Delikatesse, als ich im Disney-Studio just wieder die Durchwahlnummer 552 bekam. Als ich am ersten Tag meines Dienstantritts bei Walt Disney nach Hause fuhr, habe ich darüber den Kopf geschüttelt. Ich rechnete mir sofort aus, daß die Wahrscheinlichkeit, nun zum drittenmal die gleiche Durchwahlnummer zu bekommen, nur eins zu einer Million beträgt. Das ist ein echter Zufall, der aber beweist, daß eben dieser eine Fall unter Millionen wirklich auftreten kann. Dieser erstaunliche Zufall, der mir selber zuteil wurde, hat sich also in der Tat ereignet, obwohl ich nach den Gesetzen der Wahrscheinlichkeitsrechnung nach meiner ersten Anstellung noch eine Million mal meine Auftraggeber hätte wechseln müssen, um die gleiche Telefonnummer noch zweimal zu erhalten.

Die beiden von mir angeführten Beispiele habe ich natürlich ausgewählt, weil sie zahlenmäßig einfach zu überschauen sind. Die Wahrscheinlichkeit für 70 Treffer im Zahlenlotto und für die dreimalige Zuteilung einer dreistelligen Telefonnummer läßt sich nämlich mathematisch genau berechnen. Im ersten Fall erhielten wir für die Wahrscheinlichkeit eines solchen Ereignisses den Wert eins zu einer Milliarde. Diese Zahl ist mir, gemessen an allen von ihm durchführbaren Lottospielen, einfach zu groß, als daß ich der Behauptung des Mannes, 70mal gewonnen zu haben, Glauben schenken könnte.

Sie kennen sich ja in der Astronomie aus und können deshalb mit großen Zahlen nicht nur rechnen, sondern haben auch ein Gefühl dafür. Schauen Sie einmal: Das Verhältnis von eins zu einer Milliarde ist doch gewaltig groß. Selbst wenn man ohne Unterbrechung jede Woche einen Lottozettel abgäbe, müßte man 19 Millionen Jahre lang spielen, bis alle Möglichkeiten durchgespielt wären, unter denen man einmal die Chance hat, 70mal sechs Richtige zu tippen. Jetzt sehen Sie, weshalb mir das zu unwahrscheinlich ist.

Bei meiner Telefonnummer war das ganz anders. Damals waren mindestens 10 Millionen Amerikaner mit eigenem Telefonanschluß berufstätig, unter denen bestimmt viele öfter ihren Arbeitsplatz gewechselt haben. Wenn also die dreimalige Zuteilung der Telefonnummer 552 die Wahrscheinlichkeit von eins zu einer Million hat, dann ist das durchaus noch im Rahmen und auch zu erwarten. Daß es mich persönlich getroffen hat, ist natürlich, wenn man so will, ein echter Zufall.

Das Eintreten dieses Zufalls jedoch liegt noch durchaus im Bereich der mathematischen Wahrscheinlichkeit. Nun haben Sie ja bestimmt erwartet, daß ich über die fliegenden Untertassen schreiben werde. Das will ich jetzt auch tun. Dabei möchte ich mich allerdings in diesen nun seit 30 Jahren währenden Streit über die sogenannten Beweise der Existenz von fliegenden Untertassen nicht einmischen. Da Sie ja selbst fachkundlich denken, habe ich mir nur vorgenommen, Ihnen meine Meinung darüber zu begründen. In solchen Fällen antworte ich

ja immer: »Es ist möglich, mir aber zu unwahrscheinlich.« Ich glaube daher, daß ich Ihre Frage am besten beantworten kann, wenn ich diese Meinung begründe. Ich will also abschätzen, wie unwahrscheinlich es ist, daß die Ufo-Gläubigen recht haben.
Wenn man sich ein Urteil über die Richtigkeit einer Behauptung bilden will, muß man zuerst einmal die Behauptung kennen. In unserem Fall muß ich Ihnen daher zunächst einmal sagen, was man unter »fliegenden Untertassen« versteht. Dieser Begriff ist vor mehr als 30 Jahren explosionsartig in das Bewußtsein der Weltöffentlichkeit eingetreten.
Kenneth Arnold hieß der junge Privatpilot, der den fliegenden Untertassen ihren Namen gegeben hat. Am 24. Juni 1947 flog er in seinem eigenen Flugzeug die Küste des amerikanischen Staates Washington entlang. Bei dieser Gelegenheit beobachtete er neun merkwürdige Flugkörper. In Pfeilformation, ähnlich wie ein Schwarm von Zugvögeln, flogen sie an ihm vorbei, mit einer Geschwindigkeit, die er auf über 1500 Stundenkilometer schätzte. Nach seiner Landung wurde er von Reportern befragt, wie diese Flugkörper ausgesehen hätten. Sie waren ihm wie flache Scheiben erschienen, ähnlich – so drückte er sich aus – »wie Untertassen mit der hohlen Seite nach unten gekehrt«. Die Phantasie der Weltöffentlichkeit entzündete sich sofort an diesem Bericht. Im Verlaufe der nächsten Jahre wurden in vielen anderen Ländern, über die ganze Erde verstreut, ähnliche scheibenförmige Flugkörper gesichtet. In zahlreichen Schriften wurden sodann Berichte aus längst vergangenen Zeiten zitiert, wonach solche seltsamen Flugkörper bis ins Altertum zurück gesichtet worden seien. Auch war man schnell mit der Deutung der merkwürdigen fliegenden Untertassen bei der Hand: Es seien Raumschiffe, bemannt mit intelligenten Wesen von fremden Sternen, die die Erde erkundeten.
Nun habe ich vorhin bereits im Zusammenhang mit meinen Telefonnummern erwähnt, daß ich fünf Jahre lang in Texas lebte. Ich kann mich noch sehr gut erinnern, als im Sommer 1947 diese fliegenden Untertassen zu einer Sensation wurden. Bei den geschäftstüchtigen Amerikanern hat es gar nicht lange gedauert, bis an den Autostraßen Restaurants und Eisbuden entstanden, die sich die »fliegenden Untertassen« nannten. Auch lebte ich damals ja in den Subtropen, wo fast immer wolkenloser Himmel herrscht. Tausende von Menschen hielten nach diesen fliegenden Untertassen Ausschau. Da ich damals

als junger Weltraumwissenschaftler tätig war, bin ich natürlich von jedem gefragt worden, was es damit wohl für eine Bewandtnis habe. Nun sind ja auch die Amerikaner in der Demokratie sehr geübt, und viele Menschen haben sich an jene Regierungstelle gewandt, die für den Luftraum über den Vereinigten Staaten verantwortlich ist, nämlich die US-Luftwaffe. Wie jede größere Regierungsstelle hat auch die amerikanische Luftwaffe ein Büro für Öffentlichkeitsangelegenheiten. Dieses Büro wurde nun von der amerikanischen Öffentlichkeit bestürmt, und die amerikanische Luftwaffe mußte sich mit dem Problem auseinandersetzen. Von ihr stammt auch die offizielle Bezeichnung für die fliegenden Untertassen: Sie wurden »Unidentified Flying Objects« genannt, das heißt: unidentifizierte Flugobjekte. Unter diesem Sammelbegriff hat man all jene Dinge zusammengefaßt, die am Himmel herumschwirren, wobei man jedoch nicht auf Anhieb sagen konnte, worum es sich handelte. Bei der typisch amerikanischen Neigung zu sprachlichen Abkürzungen entstand für diese nicht identifizierten Flugobjekte sehr bald das Wort »UFO«. Es war dann nicht sehr weit zu dem Begriff »Ufologie«, das ist jenes Forschungsgebiet, das sich mit den Ufos beschäftigt. Auch nennen sich heute Leute, die an diese »fliegenden Untertassen« glauben, »Ufologen«.

Der erste Teil der Behauptung bestand also darin, daß wir als irdische Menschheit nicht die einzigen intelligenten Wesen im Weltall sind. Das wird von der modernen Astronomie und Biologie auch überhaupt nicht bestritten. Über die mögliche Existenz außerirdischen Lebens in den Tiefen des Alls habe ich schon vor längerer Zeit ein Buch geschrieben mit dem Titel: »Brüder im All«. Selbst auf die Gefahr hin, daß Sie das Buch schon kennen, möchte ich zu dieser Frage aus meinem Buch zitieren:

»Es liegt in der Natur des menschlichen Geistes, daß er sich mit steigender Erkenntnis immer mehr bescheidet. Nur der Ignorant, der sich nie die Mühe gemacht hat, die Dinge im Rahmen menschlicher Erkenntniskraft zu durchdenken, ist vorlaut. So verstehen wir, daß ein moderner Naturwissenschaftler der Frage nach der Möglichkeit des Lebens im All mit Toleranz und Erwartung begegnet. Wenn wir die ungeheuren Weiten des Kosmos und seinen unvorstellbaren Reichtum an Sternen und Milchstraßen überschauen, sollte uns im Innersten klarwerden, daß es außer uns wohl auch andere Wesen geben muß, die ihre Blicke fragend zum Himmel ihrer fremden Planeten erheben und sich gleich uns über die Schöpfung wundern. Es ist einfach unvorstellbar, daß die Natur nur diese eine – unsere Menschheit – geschaffen hat, die als einzige im ganzen Kosmos über den Sinn aller Dinge nachdenkt. Wir sind heute im Besitz einer gewissen Einsicht in die Natur des Universums, und wir beginnen auch, unser eigenes Wesen und dessen Grenzen zu begreifen. Gerade angesichts dieser Grenzen wäre es verwegen, die irdische Menschheit als die Krone der Schöpfung ansehen zu wollen. Jeder Astronom, jeder Biologe, jeder Psychologe und jeder Philosoph verbindet heute eine gewisse Genugtuung, ja sogar eine gewisse Erleichterung mit dem Gedanken, daß die Natur in ihrem Reichtum doch wohl auch noch andere denkende Wesen geschaffen haben werde, die uns geistig und moralisch überlegen sein könnten.«

Bei meiner Beantwortung Ihres Briefes muß ich wohl an dieser Stelle die Frage stellen, was man denn überhaupt unter intelligenten Wesen versteht. Sehr phantasievolle Science-Fiction-Schriftsteller haben darunter auch Wesen verstanden, die nur aus Geist – vielleicht unterstützt durch Kraftfelder aller Art – frei in der Schöpfung existieren. Hier natürlich sind der Phantasie keine Grenzen gesetzt. Allerdings, wenn man solche Annahmen macht, dann bin ich als Naturwissenschaftler völlig überfragt und kann auch nichts dagegen einwenden.

Auf der anderen Seite sagt man jedoch, die Ufos haben eine bestimmte Form und beständen offenbar auch aus Materie, vielleicht auch aus Metallen oder aus Legierungen, die wir überhaupt nicht kennen. Damit haben sich diese vermeintlichen fremden intelligenten Wesen bereits aber auch der Materie bedient. Auch wird allgemein angenommen – und das ist ein Teil der Behauptung, die wir untersuchen wollen –, daß diese Wesen selbst eine materielle Struktur haben. Wie immer sie auch ihre Gestalt ändern mögen, so werden ihre Körper dennoch aus Materie bestehen, die feste Formen annehmen kann. Wenn man das zugibt, hat man bereits ausgeschlossen, daß diese Wesen ihren Ursprung in den heißen Gasen der Sterne oder in den kalten, verdünnten Gasen zwischen den Sternen haben. Es ist sehr vernünftig, anzunehmen, daß diese Wesen auf einem fremden Planeten ihre Heimat haben, denn unter den vielen Formationen, die im Weltall existieren, sind es nur die relativ kleinen Planeten, auf deren Oberfläche die Materie im festen Aggregatzustand auftreten kann. Wenn man diese Überlegung als richtig anerkennt – und nur unter diesen Umständen kann ich Ihren Brief beantworten – können wir

uns über die Wahrscheinlichkeit der Existenz anderer intelligenter Wesen, die uns auf unserer Erde in etwa gleichen, unterhalten. Jetzt sehen Sie schon, daß wir für eine Abschätzung der Wahrscheinlichkeit Ihrer Frage eine erste Handhabe besitzen. Wir müssen zunächst einmal die Frage stellen, wie wahrscheinlich es ist, daß es auch an anderen Orten im Weltall Planeten gibt.
Nun wissen Sie ja selbst, daß unsere Milchstraße aus einer Ansammlung von etwa 200 Milliarden Sonnen besteht. Unsere eigene Sonne ist ein Mitglied dieser riesigen Familie. Diese einzelnen Sonnen sind sehr dünn über die Räume der Milchstraße verteilt. Würde man die Größe der Sonnen auf die Abmessungen einer Kirsche verkleinern und sie in entsprechend gleicher Dichte auf einem Kontinent wie Europa verteilen, so würde im Schnitt nur etwa eine Kirsche auf jede Hauptstadt Europas fallen. Leider sind diese Abstände so riesengroß, daß es für die Astronomen – von wenigen ausgefallenen Ausnahmen abgesehen – unmöglich ist, die Existenz von Planetensystemen anderer Sonnen nachzuweisen. Wir sind darauf angewiesen, die Bedingungen für die Geburt von Planeten zu untersuchen und damit abzuschätzen, wie wahrscheinlich es sein könnte, daß andere Sonnen ebenfalls Planeten besitzen.
Noch vor 50 Jahren war man der Meinung, daß ein Planetensystem wie das unsrige eine ganz große Seltenheit sei. Der englische Astronom James Jeans hat nämlich die Vorstellung entwickelt, daß unser Planetensystem anläßlich eines sehr nahen Vorbeifluges einer anderen Sonne entstanden sein müsse. Dabei hätte dieser fremde Stern mit seiner Anziehungskraft aus unserer Sonne einen Teil ihrer Masse herausgezogen, der sich dann zu den Planeten verdichtete. Zur damaligen Zeit erschien diese Vorstellung sehr vernünftig, und die Astronomen haben daraus geschlossen, daß unser Planetensystem eine sehr ausgefallene Erscheinung sein müsse. An dem Beispiel mit

Eine ganze Armada von fremdartigen Flugkörpern, mit Überschallgeschwindigkeit in Pfeilform fliegend, will der junge Privatpilot Kenneth Arnold im Juni 1947 im amerikanischen Staat Washington während eines Flugs gesichtet haben.
Seiner Beschreibung folgend, werden diese scheibenförmigen Flugkörper seit damals als »fliegende Untertassen« bezeichnet.

den Kirschen in den Hauptstädten Europas habe ich Ihnen ja erläutert, daß die Sterne sehr weit voneinander entfernt sind. Eine sehr nahe Begegnung zwischen zwei Sternen ist daher eine so unvorstellbare Seltenheit, daß es sich während der Lebenszeit der Milchstraße bestenfalls ein einziges Mal ereignet haben kann. Demnach gäbe es in der Milchstraße nur zwei Planetensysteme – nämlich unser eigenes und ein zweites, das zu dem Stern gehört, der unsere Sonne einst fast streifte. Wenn das alles richtig wäre, könnten wir die Hypothese von den Ufos vergessen, weil dann nämlich der Entwicklung und der Existenz des Lebens im Weltall nur an diesen beiden Stellen eine Chance gegeben worden wäre.

Inzwischen hat sich bei den Astronomen eine andere Meinung durchgesetzt, wonach die Entwicklung eines Planetensystems eng mit der Entwicklung eines jeden Sterns verbunden sei. Ein Stern entsteht durch die langsame Ansammlung gasförmiger Materie aus dem Weltall. Wenn sich dann das Gas immer weiter zusammenzieht, wird der entstehende Stern in immer schnellere Rotation versetzt. Es kommt dann zu einem Moment, wo ein bestimmter Betrag der Masse, die sich zusammenziehen will, nicht mehr auf den Stern fallen kann, sondern ihn in Form einer weitausgedehnten Scheibe umkreist. Das Material in dieser Scheibe verdichtet sich dann zu kleineren Körpern, nämlich den Planeten.

Danach sieht es so aus, als ob mit der Geburt eines Sterns auch immer automatisch die Entstehung eines Planetensystems verbunden sei. So einfach allerdings ist es nicht. Die Entwicklung von Sternen läuft vielfach auch entlang anderer Bahnen, wobei nicht ein Einzelstern, sondern Mehrfachsterne entstehen. Solche Doppel- und Mehrfachsterne kennen wir in der Astronomie. Sie sind so häufig, daß im Schnitt etwa nur jede zweite Sonne eine Einzelsonne ist. Bei der Bildung eines Doppel- oder gar Mehrfachsternes jedoch ist die Bildung von Planetensystemen nicht sehr wahrscheinlich. Gewiß, Rückstände aus dem interstellaren Gas können kurzzeitig zur Bildung kleiner Körper geführt haben. Diese »Planeten« laufen jedoch nicht in regelmäßigen, beständigen Bahnen, so daß sie bestimmt schon nach kurzer Zeit von einer der Muttersonnen eingefangen werden.

Aber auch die Planetensysteme, die im Herrschaftsbereich von Einzelsternen entstanden sind, haben nur eine geringe Überlebenschance. Ein Planetensystem wie das unsrige ist ein überaus delikates Gebilde. Die einzelnen Planeten üben mit ihrer Anziehung Kräfte aufeinander aus, welche dauernd an ihnen zerren. Es bedarf einer sehr feinen Ausgewogenheit in der Größe der einzelnen Planeten, ihrer Abstände von ihrer Sonne und ihrer Umlaufzeiten innerhalb einer Planetenfamilie, daß diese Störkräfte sich über lange Zeiten hinweg im Schnitt ausgleichen. Wenn auch jede einzelne Sonne ein Planetensystem bei ihrer eigenen Geburt mitbekommt, so heißt das noch lange nicht, daß dieses Planetensystem Milliarden von Jahren überlebt.

Nun hatte ich Ihnen ja eine Wahrscheinlichkeitsrechnung versprochen, und jetzt bin ich so weit, die ersten Zahlenangaben dafür zu machen. Sie werden mir bestimmt zustimmen, daß es ausreicht, wenn ich diese Betrachtung auf unsere eigene Milchstraße beschränke. Sie besteht, wie gesagt, aus 200 Milliarden Sonnen. Die Hälfte von ihnen fällt weg, da nur etwa 100 Milliarden Sonnen von ihnen Einzelsonnen sind. Es besteht also die Chance, daß es ebenso viele Planetensysteme in unserer Milchstraße gibt. Nun hatte ich Ihnen ja gerade erläutert, daß ein entstehendes oder vielleicht auch gerade entstandenes Planetensystem unstabil sein kann. Es ist nicht so leicht, abzuschätzen, wie viele solcher gerade entstandener Planetensysteme auf Grund innewohnender Instabilitäten wieder zerfallen. Sollte das passieren, dann ist für die betreffende Sonne die Chance, die Mutter einer dauernden Planetenfamilie zu werden, verspielt. Es ist nun nicht leicht, die Chance für ein beständiges Planetensystem abzuschätzen. Trotzdem möchte ich versuchen, Ihnen einige Gründe zu nennen, weshalb stabile Planetensysteme nicht sehr häufig sein können.

Von unserem eigenen Planetensystem wissen wir ja, daß es stabil ist. Sonst würde es ja nicht schon seit fünf Milliarden Jahren existieren. Auffallend bei unserem Planetensystem allerdings ist die Tatsache, daß die Bahnen aller großen Planeten fast kreisförmig sind, so daß man ein ziemlich genaues Modell des Planetensystems mit dem Zirkel zeichnen kann. Sie werden zugeben, daß eine solche Konfiguration doch ziemlich ausgefallen ist. Sie wissen ja, daß ein Planet sich auch

Seite 150/151:
Vier Phasen der Entstehung unseres Planetensystems nach den Vorstellungen von Weizsäckers (von links oben im Uhrzeigersinn zu lesen). Aus einer urtümlichen Wasserstoffwolke verdichtete sich die Sonne; das Gebilde verflachte sich zu einer Scheibe, in dem typische Wirbelsysteme entstanden. Aus diesen verdichteten sich die Planeten.

in einer sehr stark elliptischen Bahn um die Sonne bewegen kann. Das sehen wir ja an einigen wenigen Kleinplaneten, deren sonnennächster Punkt innerhalb der Erdbahn liegt, während ihr sonnenfernster Punkt weit über die Bahn des Mars hinausreicht. Stellen Sie sich nun bitte einmal vor, daß Jupiter als der größte und schwerste Planet unseres Sonnensystems eine solche Bahn hätte. Dann würde er mit seinen sich dauernd ändernden Abständen von der Sonne das ganze Planetensystem mit seiner gewaltigen Anziehungskraft in ziemlich kurzer Zeit in Unordnung bringen und es schließlich zerstören. Ein stabiles Sonnensystem muß daher bei seiner Entstehung schon ein großes Maß an Symmetrie mitbekommen haben. Ich würde sagen, daß so etwas nur einmal unter hundert Fällen passiert. Diese Wahrscheinlichkeit 1:100 ist natürlich von mir völlig aus der Luft gegriffen – ja, eine solche Behauptung ist sogar Geschmackssache. Wenn ein anderer Astronom die Wahrscheinlichkeit für ein stabiles Sonnensystem mit 1:10 oder mit 1:10 000 angäbe, könnte ich ihm nicht wirklich widersprechen. Gehen wir aber einmal von meiner Schätzung eines Verhältnisses von 1:100 aus.

Unter den hundert Milliarden Einzelsonnen in unserer Milchstraße haben nach dieser Schätzung nur ein Hundertstel ein stabiles Planetensystem mitbekommen. Demnach gäbe es immerhin noch eine Milliarde stabile Planetensysteme in unserer Milchstraße. Diese Zahl wollen wir einmal festhalten.

Das soll natürlich nicht heißen, daß jedes stabile Planetensystem im Weltall auch automatisch eine Art von Erde besitzt, die alle jene Eigenschaften aufweist, um dem Leben eine Heimstätte zu bieten. Damit schneiden wir natürlich die Frage an, was ist überhaupt das Leben. Sie können sich vorstellen, daß ich mich in diesem Brief dabei kurz fassen muß.

Es gibt viele Möglichkeiten, den Unterschied zwischen einem Stück unbelebter Materie, wie etwa einem Stein oder einem Stück belebter Materie, etwa einer Maus, zu kennzeichnen. Unsere Vorfahren haben es sich dabei leicht gemacht. Sie haben einfach gesagt, daß der unbelebten Materie durch einen göttlichen Akt das Leben eingehaucht wurde. Mit einer solchen Erklärung freilich schließt man die Erscheinung des Lebens als einen Gegenstand wissenschaftlicher Forschung aus. Die moderne Biochemie hat uns dagegen gelehrt, daß lebende Substanz nur dadurch zu begreifen ist, daß in ihr eine geradezu unerschöpfliche Vielfalt steckt. Das sehen wir ja schon an uns

Menschen. Abgesehen von eineiigen Zwillingen hat es noch nie zwei Menschen gegeben, die einander völlig gleich waren. Eine solche wirklich in die Billiarden gehende Kombinationsmöglichkeit der gesamten belebten Welt muß ja eine materielle Grundlage haben. Und genau das hat sich bewahrheitet. Der Aufbau lebender Wesen unterscheidet sich von der Materie der unbelebten Welt eben durch die Struktur ihrer Einzelbestandteile. Die Chemie hat uns gelehrt, daß Atome der verschiedenen Elemente sich zu Molekülen zusammenfinden können. So kennt man in der Chemie anorganische, dem Leben nicht zugehörige Moleküle, die maximal nur aus einer Handvoll Atomen bestehen. Organische Moleküle dagegen bestehen aus Tausenden, ja Millionen von Einzelatomen, die sich in einer unüberschaubaren Mannigfaltigkeit zusammenfügen können. Diese unvorstellbare Vielfalt in der Struktur ihrer Einzelteile erläutert auch die ebenso unüberschaubare Mannigfaltigkeit von Arten der Lebewesen.

Es ist nun typisch für diese Riesenmoleküle, daß sie nur innerhalb eines engen Temperaturbereichs existieren können und in ihrer chemischen Wechselwirkung funktionstüchtig sind. Unterhalb einer Temperatur von etwa minus 20 Grad Celsius kommt die chemische Reaktion zwischen solchen Molekülen zum Stillstand. Deshalb benutzen wir ja eine Gefriertruhe, um bei tiefen Temperaturen Nahrungsmittel vor dem Verderb zu schützen; Zersetzungsvorgänge sind nämlich auch Lebensprozesse. Oberhalb einer bestimmten Temperatur – etwa plus 60 Grad Celsius – zerbrechen diese delikaten Riesenbausteine der atomaren Welt. Über einer Temperatur von mehreren hundert Grad Celsius gibt es nur einige wenige, ganz einfache Moleküle, die den dauernden Stößen zwischen den Teilchen, die mit steigender Temperatur immer heftiger werden, standhalten können.

Diese Temperaturgrenzen kennen wir von unserem irdischen Leben. Man soll dabei nicht einwenden, daß die Natur bei der Erzeugung des Lebens völlig andere Wege gegangen sein könnte, die außerhalb dieser Grenzen lagen. Solche Einwände sind nicht überzeugend. Leben gibt es nicht ohne eine praktisch unbegrenzte Variationsmöglichkeit in der Struktur seiner Bausteine; und solche großen variationsfähigen Bausteine gibt es nur innerhalb dieser engen Temperaturgrenzen. Das gilt auch für atomreiche Verbindungen des Elementes Silizium oder auch für variantenreiche Fluorverbindungen.

Damit Leben im Weltall entstehen und gedeihen kann, brauchen wir

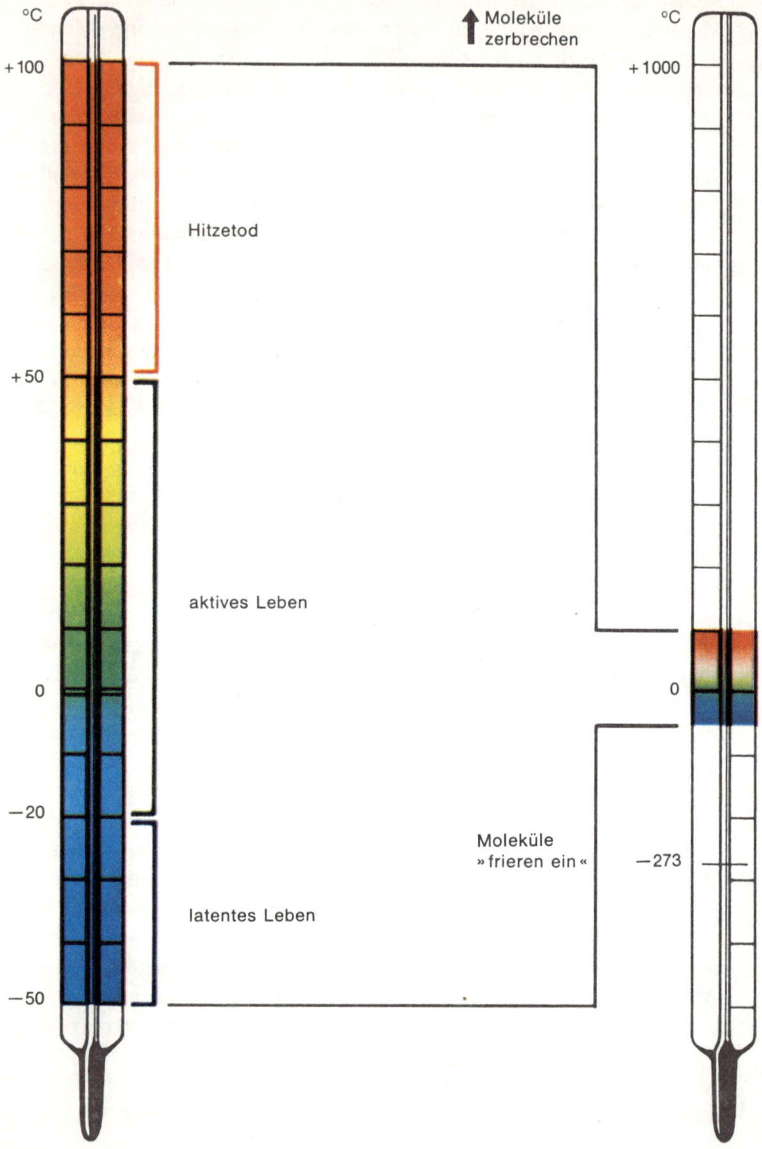
°C
+100
+50
0
−20
−50
Hitzetod
aktives Leben
latentes Leben
Moleküle zerbrechen
Moleküle »frieren ein«
°C
+1000
0
−273

also einen Planeten, der über Milliarden von Jahren hinweg eine wohltemperierte Oberfläche besitzt. Schließlich haben sich die Biochemiker viele Gedanken darüber gemacht, wie auf einem solchen Planeten das Leben überhaupt entstehen kann. Es müssen dafür Umstände herrschen, unter denen diese Moleküle ausreichend Gelegenheit haben, sich zu immer größeren und komplexeren Strukturen aufzubauen. Dabei sind sich die Biochemiker darüber einig, daß sich so etwas nur in der Umwelt einer Flüssigkeit oder auch eines sehr dichten Gases ereignen kann. Das sind nun ziemlich harte Bedingungen, die erfüllt werden müssen. Wenn wir also einen Planeten suchen, auf dem sich Leben entwickeln konnte oder kann, dann müßte er in vielen Dingen eigentlich so aussehen wie unsere Erde. Er braucht dazu eine bestimmte Größe, damit seine Schwerkraft ausreicht, eine Atmosphäre zu halten und, besser noch, ein Weltmeer zu bilden. Unser Mond und der Planet Mars sind hier gute Beispiele – sie sind dafür zu klein. Der Abstand von seiner Muttersonne muß gerade so beschaffen sein und für Millionen Jahre so bleiben, damit dieser Planet jene engen Temperaturgrenzen aufweist, die das Leben erfordert. Dafür ist unser Nachbarplanet Venus ein klassisches Beispiel. Seiner Größe und seiner chemischen Ausstattung nach ist Venus geradezu ein Zwilling der Erde. Sie steht jedoch der Sonne um etwa ein Drittel näher als unsere Erde und empfängt daher etwa doppelt soviel Sonnenenergie wie wir. Das reicht schon aus, ihren gesamten Wasservorrat zu verdampfen. Am Boden ihrer 100mal dichteren Atmosphäre herrschen Temperaturen von etwa 400 Grad Celsius. Die Venus ist daher ohne Leben. An der Aufzählung dieser Bedingungen können Sie schon abschätzen, daß eine lebensfreundliche Erde selbst in einem stabilen Planetensystem nicht allzu häufig vorkommt. Damit komme ich zum nächsten Punkt, den ich für meine Wahrscheinlichkeitsrechnung benötige.

Links: Die Skala eines Thermometers dient dazu, die Lebensbereiche zu kennzeichnen. Aktives Leben ist nur bei einer mittleren Temperatur möglich; bei tiefen Temperaturen kann das Leben nur latent existieren, während es bei höheren Temeperaturen zerstört wird.
Rechts: Ein größerer Maßstab der Temperaturskala zeigt die jeweiligen physikalischen Zustände der Moleküle.

Es gibt sehr viele Bedingungen in der Natur eines Planeten, die dafür sorgen, daß die Voraussetzungen für das Leben *nicht* erfüllt sind. Es gibt bestimmt zahllose erdähnliche Planeten, welche ihre Sonnen in einer so engen Bahn umkreisen, daß ihre Oberflächen immerzu von flüssigen Lavamassen oder von Dampfatmosphären, ähnlich der Venusatmosphäre, bedeckt sind. Umgekehrt gibt es zahllose erdähnliche Planeten, die ihre Sonnen in einem so großen Abstand umkreisen, daß sie seit ihrer Geburt von Panzern aus Eis und gefrorenen Gasen bedeckt sind. Auch könnte ein erdähnlicher Planet eine so stark elliptische Bahn haben, daß seine Oberfläche während der kurzen Sommer in Dampf gehüllt ist und während der langen kalten Winter völlig erstarrt. Alle solche erdähnlichen Planeten fallen als Kandidaten für das Leben aus. Ich habe Ihnen nur einige Umstände angedeutet, welche auch einen erdähnlichen Planeten als Lebensträger disqualifizieren. Auch hier wieder kann ich die Chance nur abschätzen. Bevor ich Ihnen jedoch eine Zahl nenne, möchte ich die Planeten unseres eigenen Systems als Ausgangspunkt betrachten.
Noch vor knapp zehn Jahren war man nur auf Vermutungen darüber angewiesen, ob es auf unseren Nachbarplaneten Leben gibt. Damals schon war ich allerdings mit meinen Kollegen einig, daß unsere Erde mit größter Wahrscheinlichkeit die einzige Heimstätte des Lebens in unserer engeren kosmischen Heimat ist. Inzwischen haben Untersuchungen des Mondes, des Mars und der Venus vor Ort bewiesen, daß unsere Schwesterwelten völlig steril sind. Das gleiche wird wohl auch für die übrigen Planeten in unserem System gelten. Nun haben wir ja ein Beispiel im Weltall vor uns. In unserem besonders stabilen und symmetrischen System war die Chance für das Leben nur 1:10. Wenn wir noch die großen Monde des Systems dazurechnen, ist die Chance für einen lebentragenden Planeten bei uns sogar nur etwa 1:20. Das will ich zum Ausgangspunkt nehmen, um abzuschätzen, welche Chancen für einen Lebensplaneten innerhalb der stabilen Planetensysteme in unserer Milchstraße bestehen. Ich würde glauben, daß die Chance von 1:100 bestimmt nicht zu knapp bemessen wäre. Vermutlich wird die Chance sogar noch kleiner sein.
Jetzt gehen wir zurück zu der Zahl, die ich vorhin genannt habe. Dabei kamen wir auf etwa eine Milliarde stabiler Planetensysteme. Ein Hundertstel von ihnen wird dann vielleicht einen erdähnlichen Planeten haben, auf dem sich die großartige Erscheinung des Lebens entwickelt hat. Nach dieser Schätzung können wir also immerhin

noch mit 10 Millionen belebter Planeten in unserer Milchstraße rechnen.
In einem meiner Bücher, das ich schon vor mehr als 20 Jahren schrieb, habe ich einmal gesagt: Planeten sind wie Samen. Die Erschaffung und die Fortpflanzung des Lebens ist nämlich im Riesenbereich der Natur eine große Seltenheit und deshalb auch hochgradig unwahrscheinlich. Das sehen wir ja schon daran, daß die Natur in ihrem erfolgreichen Plan, das Leben zu erhalten, immer mit Riesenzahlen arbeitet. Für die Erhaltung der vielen Arten nämlich erzeugt jedes Individuum in seinem Leben unvorstellbar große Zahlen von Eiern und Samen. Die Erhaltung der Arten und der Fortbestand des Lebens läßt sich nämlich nur mit einer so gewaltigen Produktion sichern. Das sehen wir auch am Menschen. Von über zehn Millionen Samen eines Ejakulats führt allenfalls ein Samen zur Befruchtung. Alle übrigen Samen sind verschwendet. Das sind nach den Gesetzen des Lebens in etwa gängige Zahlen. Mit den Lebensplaneten hat die Natur das genauso gemacht. In ihrem unbeschreiblichen Reichtum kann es sich die Natur leisten, Billionen von Sonnen zu schaffen, von denen nur wenige Planeten besitzen, und unter diesen Planeten können tausende »verschwendet« werden. Verschwendung jedoch ist nur ein menschlicher Begriff. Nun haben wir ja gesehen, daß nach unserer groben Abschätzung in unserer Milchstraße immerhin vielleicht noch zehn Millionen erdähnlicher Planeten existieren, welche die Heimstatt des Lebens sein könnten.
Nun werden Sie mich natürlich nach der nächsten Stufe dieser Leiter in meiner Wahrscheinlichkeitsrechnung fragen. Auf wie vielen dieser potentiellen Lebensträger ist dann wohl auch Leben entstanden? Hier möchte ich nun die Chance 1 : 1 nennen. Wir haben ja schon diejenigen wenigen Planeten herausgesucht, welche die richtige Temperatur haben, die sie für Milliarden von Jahren aufrecht erhalten. Dann möchte ich eigentlich glauben, daß das Leben in den milden Sphären von Wasser und Luft wohl auch auf jedem dieser Planeten entstanden ist. Die wichtigste Zutat im Rezept des Lebens nämlich ist die Zeit. Wenn dann diese größeren Moleküle Milliarden von Jahren bei der gleichen Temperatur die Möglichkeit haben, sich zu mischen, miteinander zu reagieren und sich immer weiter aufzubauen, dann werden sie es auch tun. Deshalb ändert sich an der letzten Zahl, die ich genannt habe, vermutlich nichts: Es gibt in unserer Milchstraße vielleicht 10 Millionen Lebensplaneten.

Nun allerdings müssen wir fragen, ob sich auf diesen Planeten das entwickelt hat, was wir intelligentes Leben nennen. Es ist nun wiederum nicht sehr wahrscheinlich, daß jedes Leben in jener Phase gipfelt, die wir als intelligentes Leben bezeichnen. Auch auf unserer eigenen Erde hat sich die Natur ja damit zufriedengegeben, Leben für die Dauer von mehr als 2 Milliarden Jahre zu erzeugen, ohne auf die Schaffung von intelligenten Arten Wert zu legen. Erst während der letzten paar Millionen Jahre sind dann Geschöpfe entstanden, welche mit ihren hochentwickelten Nervensystemen jene Eigenschaft aufweisen, die man Intelligenz nennt. Dabei möchte ich den Begriff Intelligenz ziemlich weit fassen und auch schon unsere Vögel und Säugetiere als »intelligent« bezeichnen. Sie sind nämlich imstande, Erfahrungen zu sammeln und sich entsprechend dem Gesetz von Ursache und Wirkung zu verhalten. Allerdings ist es dann noch immerhin ein weiter Schritt bis zu dem Abstraktionsvermögen und zu dem Grad der Mitteilungsfähigkeit, die nur uns Menschen als einziger Art auf unserer Erde eigen ist. Aber auch mit diesen ausgefallenen Gaben hat sich der Mensch weit über 99% seit seiner Existenz zufriedengegeben. Erst seit ein paar hundert Jahren hat er diese Gaben dazu benutzt, die Naturgesetze zu erforschen, sie zu begreifen und sie als Techniker anzuwenden. Deshalb hat es ja auch so lange gedauert, bis wir den Mondflug geschafft haben.

Wenn wir uns also der Meinung der Ufologen anschließen sollen, dann muß es auch auf einem anderen belebten Planeten eine Entwicklung gegeben haben, welche zu intelligenten Lebewesen geführt hat. Mit dieser einfachen Überlegung müssen wir wiederum einen großen Teil der belebten Planeten ausschließen. Auch dafür suche ich nach einer Zahl, welche diese Wahrscheinlichkeit ausdrückt. Das Leben auf der Erde hat ja ein Alter von zwei Milliarden Jahren, und erst etwa seit zwei *Millionen* Jahren gibt es das, was wir als typisch menschliche Intelligenz bezeichnen. Dieser Zeitenvergleich gibt uns wenigstens eine Handhabe dafür, um abzuschätzen, wie viele der belebten Planeten von intelligenten Wesen in etwa bewohnt sein können. Es müßte demnach nur jeder tausendste sein, da unsere Erde ja auch tausendmal länger von nicht intelligenten Lebewesen bewohnt war. Jetzt also können wir einen Schritt weitergehen und in etwa angeben, wie viele intelligente Menschheiten, die uns ungefähr gleichen, es in unserer Milchstraße gibt. Es ist jeder tausendste unter den zehn Millionen belebter Planeten, deren Zahl wir zuvor ja abge-

schätzt haben. Wir sind nun bei dem Schluß angelangt, daß es in unserer Milchstraße etwa zehntausend intelligente Menschheiten, mit uns vergleichbar, zur Zeit etwa geben könnte.
Nun sind – wie Sie selbst wissen – die Sterne in unserer Milchstraße und besonders in der Nähe der Sonne sehr dünn verteilt. Unsere Sonne ist ja in den äußeren Spiralarmen unserer Galaxie angesiedelt, wo der durchschnittliche Abstand zwischen den einzelnen Sternen etwa fünf Lichtjahre beträgt. Die Wahrscheinlichkeit, daß eine Sonne überhaupt ein Planetensystem besitzt, daß es stabil ist, daß sich darin ein erdähnlicher Planet befindet, auf dem sich das Leben entwickelt hat und bis zur Intelligenzphase fortgeschritten ist, hat sich daher schon sehr verdünnt. Wenn Sie all diese von mir genannten Zahlen zusammenfassen, können Sie leicht ausrechnen, daß wir im Schnitt etwa 20 Millionen Sonnen brauchen, damit sich ein Planet unter ihnen befindet, auf dem zur Zeit eine intelligente Menschheit lebt. Nun brauchen wir allerdings einen riesigen Raum um unsere eigene Sonne herum, um 20 Millionen Sonnen unterzubringen. Das ist eine Kugel, deren Durchmesser etwa 1000 Lichtjahre beträgt. Viele meiner Kollegen haben natürlich entsprechende Betrachtungen angestellt und sind dabei auch zu ähnlichen Ergebnissen gekommen. Viele allerdings glauben, daß die von Menschen belebten Planeten häufiger sind – andere sind zu einer noch dünneren Verteilung des intelligenten Lebens in der Milchstraße gekommen. Mit meiner Schätzung liege ich vielleicht nicht ganz so falsch.
Bei solchen Betrachtungen wird jedoch meiner Meinung nach das Element der Zeit meist außer acht gelassen. Damit nämlich zwei intelligente Menschheiten miteinander Verbindung aufnehmen können, müssen sie in dem riesigen Meer der Zeit auch zur gleichen Zeit die entsprechende Stufe in ihrer technischen Entwicklung erreicht haben. Es nützt ja überhaupt nichts, wenn zwei Menschheiten diese Hochblüte ihres technischen Könnens zu Zeiten erreichen, die ein paar hundert Millionen Jahre auseinanderliegen. Für die These der Ufologen ist es erforderlich, daß zwei »benachbarte« Menschheiten zur gleichen Zeit – und zwar jetzt – die Weltraumfahrt gemeistert haben und ihre Brüder im All besuchen können. Ich habe ja bei meiner Wahrscheinlichkeitsrechnung den Zeitfaktor schon einmal berücksichtigt und ihn dazu benutzt, abzuschätzen, wie lange das Leben auf einem Planeten benötigt, um intelligente Wesen zu erzeugen. Dabei habe ich angenommen, daß die Existenz der irdischen Intelligenz

etwa zwei Millionen Jahre alt ist. Allerdings ist es nur etwa ein Hundertstel dieser Zeit, nämlich die letzten 20000 Jahre, in der wir eine Kultur haben. Und auch nur wieder ein Hundertstel dieser Zeit, nämlich zweihundert Jahre, sind wir Techniker geworden. Es ist natürlich ziemlich schwer abzuschätzen, wie lange wir als Menschheit diese Erde noch bevölkern werden und wie lange es noch dauert, bis wir uns selbst vernichtet haben werden.
Ich habe allerdings die begründete Hoffnung, daß die Menschheit genügend Intelligenz besitzt, keinen Selbstmord zu begehen. Dazu werden wir uns jedoch auf die Forschung und Pflege unseres blauen Planeten sehr gründlich konzentrieren müssen. Ich bin der Überzeugung, daß die Menschheit der Zukunft auch bei sehr fortgeschrittener Technik ihr Heil nicht im Weltall suchen wird. Wir wissen heute schon, daß das Universum wüst und leer ist. Andere erdähnliche Planeten, die wir vielleicht in fernerer Zukunft kolonisieren könnten, sind so dünn gesät, daß man darin keine Überlebenschance für die zukünftige Menschheit erblicken kann. Unsere Brüder im All, die eine ähnliche Entwicklung durchgemacht haben, werden bestimmt auch die gleichen Erkenntnisse gewonnen haben.
Bei meiner Wahrscheinlichkeitsbetrachtung kommt daher doch noch einmal der Zeitfaktor ins Spiel. Wir müssen uns fragen, wie wahrscheinlich ist es, daß zwei Menschheiten im All während des gleichen Zeitraumes im gewaltigen Meer der Zeit jene technische Ära für den Weltraumflug erreicht haben und an seiner Fortsetzung interessiert sind. Es ist natürlich schwer abzuschätzen, wie lange in der Geschichte einer intelligenten Menschheit ein solches Zeitalter währt. Unsere eigene Menschheitsgeschichte reicht dazu nicht aus, da wir ja erst in allerjüngster Zeit selbst diese Ära erreicht haben. Seit zwei Millionen Jahren sind wir intelligent, und seit knapp hundert Jahren interessieren wir uns für die fremden Welten im All. Auch wenn unsere Existenz und unser begründetes Interesse für das Weltall noch weitere hunderttausend oder eine Million Jahre andauern würde, so wäre diese Zeitspanne dennoch sehr kurz.
Es ist wohl in der intellektuellen Entwicklung einer intelligenten Menschheit sinnvoll anzunehmen, daß sie während der Dauer ihrer Existenz vielleicht eine Million Jahre lang Weltraumfahrt betreiben wird. Der biologisch vielleicht wichtigste Antrieb zur Entwicklung der Intelligenz ist die Neugier. Es war ja auch diese Neugier, die uns zum Mond getrieben hat und uns vielleicht während der nächsten

hunderttausend Jahre noch so sehr reizen wird, daß wir auch die nächsten Fixsterne erforschen wollen. Ich möchte jedoch meinen, daß wir dieses Unternehmen spätestens nach einer Million Jahre dann wieder aufgeben werden. Dazu ist das Weltall nämlich zu eintönig, und die wirklich interessanten Himmelskörper, deren nähere Erforschung sich echt lohnen würde, sind bei weitem zu selten und viel zu weit voneinander entfernt. Schon heute können wir sagen, daß sich solche Expeditionen auf die Dauer nicht lohnen. Bei dieser Annahme können Sie schon erkennen, daß ich unserer Neugier einen sehr großen Raum gegeben habe. Unseren Brüdern im All wird es daher vermutlich ähnlich ergehen. Es ist unwahrscheinlich, daß auch sie bei fortgeschrittener Technik dieses Spiel länger als eine Million Jahre betreiben. Bei meiner Wahrscheinlichkeitsrechnung kommt es nun noch darauf an, die Gleichzeitigkeit solcher zwei Epochen von einer Million Jahre im Gesamtalter unserer Milchstraße unterzubringen.
Nun haben wir ja aus der Geschichte des Lebens auf unserer eigenen Erde gesehen, daß es fast zwei Milliarden Jahre gedauert hat, bis sich die Intelligenz entwickelt hat. Diese Überlegung hatte ich bei meiner Wahrscheinlichkeitsrechnung zuvor ja schon berücksichtigt. Immerhin gibt es schon seit mehr als hundert Millionen Jahren die »intelligenten« Vögel und Säugetiere. Die Entwicklung bis zur Intelligenz hin hätte durchaus auch noch schneller ablaufen können. Wir haben nur diese Handhabe, um die Dauer ähnlicher Entwicklungen auf den anderen Planeten abzuschätzen. Nun ist es für die Ufologen ja erforderlich, daß diese zwei Perioden der Weltraumtechnik und des Weltrauminteresses, die für jede der Menschheiten etwa eine Million Jahre dauern, sich gleichzeitig ereignen, das heißt zeitlich zusammenfallend. Nach den angegebenen Daten möchte ich die Wahrscheinlichkeit für eine solche Übereinstimmung auf etwa 1:50 oder 1:100 bemessen. Bei dieser Schätzung bin ich noch recht großzügig verfahren.
Nun will ich alle diese Schätzungen noch einmal abschließend zusammenfassen. Betrachten wir wiederum die ganze Milchstraße. In ihr wird es demnach jetzt,das heißt zu unserer Zeit, hundert bis zweihundert Menschheiten geben, die jede für etwa eine Million Jahre lang Weltraumfahrt – und zwar just zu dieser Zeit – betreibt. Zuvor haben sie es noch nicht gekonnt, und nach einer Million Jahre haben sie dieses Projekt wohl als unwirtschaftlich, ja sogar als sinnlos aufgegeben. Jetzt können wir beantworten, wie wahrscheinlich es ist, daß eine sol-

Wenn man die Lebensdauer der Erde auf ein Jahr projiziert, so stellt man mit Erstaunen fest, daß sich das Landleben in diesem Maßstab »erst im November« entwickelt hat. Im gleichen Maßstab hat die Menschheit erst während der letzten vier Stunden des Sylvestertages existiert.

che weltraumfahrtbetreibende Menschheit auf einem Planeten lebt, der zu einem Nachbarstern der Sonne gehört. Da es meiner wohlüberlegten Schätzung nach nur etwa 200 solcher Menschheiten in unserer Milchstraße gibt, und umgekehrt unsere Milchstraße 200 Milliarden Sonnen besitzt, können wir diese Wahrscheinlichkeit hinschreiben: Sie beträgt 1:1000000000.
Jetzt verstehen Sie auch, weshalb ich am Anfang dieses Briefes das gedachte Beispiel von dem Lottospieler nannte, der mir erzählte, daß er 70mal sechs Richtige getippt habe. Dabei kam nämlich die gleiche Wahrscheinlichkeit heraus, und diese geringe Wahrscheinlichkeit würde mich dazu veranlassen, der Behauptung des Lottogewinners keinen Glauben zu schenken.
Ein Ufologe, der nun von mir verlangt, daß ich ihm Glauben schenken soll, hat es dann bei mir genauso schwer wie der Lottogewinner. Der Lottospieler wird mir sagen, daß ich hier nur von Wahrscheinlichkeiten rede, und ich müsse doch zugeben, daß seine Behauptung auch richtig sein könne. Dann allerdings verlange ich von ihm Beweise, indem er mir 70 Lottoscheine auf den Tisch legt, zusammen

mit einer notariellen Beglaubigung, daß er in der Tat 70mal sechs Richtige getippt hat. Nicht umsonst ist ja an jedem Samstagabend bei der Ziehung der Lottokugeln ein Notar anwesend. Einen 70fachen Hauptgewinn für einen einzigen Spieler hat es natürlich noch nie gegeben. Entsprechende Beweise verlange ich auch von den Ufologen, und solche bündigen Beweise habe ich bisher noch nie gesehen. Es ist doch wirklich auffallend, daß sämtliche Sichtungen von »fliegenden Untertassen« noch nicht ein einziges Mal ein notariell beglaubigtes Beweisstück erbracht haben.

In einer ganz berühmten Geschichte von den »fliegenden Untertassen« heißt es ja, daß ein solches fremdes Raumschiff verunglückt sei. Dabei seien einige Leichen der Insassen gefunden worden. Es waren dies Wesen, die uns erstaunlich glichen. Sie sollen nur sehr viel kleiner gewesen sein, und sie hätten eine grüne Hautfarbe gehabt. Das ist ja der Ursprung der Geschichte von den berühmten kleinen Männern aus dem Weltall. Dieser Geschichte kann ich eigentlich keinen Glauben schenken, denn – so frage ich mich – wo sind denn diese Leichen geblieben?

Wenn der Augenzeuge dieses Unglücksfalles wirklich Wert darauf gelegt hätte, daß man ihm Glauben schenkt, so hätte er doch bestimmt einige vertrauenswürdige Zeugen herangeholt. Auch hätte die Polizeiobrigkeit jenes Gebietes bestimmt den ganzen kriminalistischen Apparat eingesetzt, um – wie bei jedem Unglücksfall – die Spuren zu sichern. Ich kann mir vorstellen, daß die Leichen dieser grünen Männer bestimmt auf dem Obduktionstisch eines Amtsarztes gelandet wären. Das wäre für mich dann ein echter Beweis gewesen,

der aber leider nie zustande gekommen ist. Nun kann man ja nicht jede Sichtung einer fliegenden Untertasse – von denen es Tausende von Beispielen gibt – wissenschaftlich im einzelnen ergründen. Aber auch in allen Fällen, in denen das wirklich vorurteilslos gemacht worden ist, endete die Untersuchung doch schließlich immer wieder im dunkeln. Ich muß es Ihnen an dieser Stelle einmal ganz klar sagen: Einen echten Beweis für die These der Ufologen gibt es auch jetzt, mehr als 30 Jahre später, immer noch nicht.
Sehr verdächtig ist es auch, daß alle Begegnungen von Insassen dieser angeblichen fremden Raumschiffe sich mit Menschen ereigneten, die auf dem Gebiet der Astronomie nicht bewandert waren. Ein wunderschönes Beispiel hierfür bietet der Gastwirt Adamski, der Anfang der fünfziger Jahre eine große Berühmtheit erlangt hat. Da ich mich für die »fliegenden Untertassen« als Astronom natürlich sehr interessiere, habe ich Herrn Adamski persönlich besucht. Er wohnt am Fuße des Mount Palomar, auf dessen Kuppe sich ja die berühmteste Sternwarte der Welt befindet. Schon seit den dreißiger Jahren hat Herr Adamski in dem kleinen Ort Rincon Springs – dort wo die Bergstraße zum Mount Palomar beginnt – eine Würstchenbude. Herr Adamski hat nun behauptet, daß »fliegende Untertassen« ihn besucht hätten. Ja er ist sogar von den Insassen einer solchen Untertasse aufgefordert worden, einen Probeflug ins Weltall mitzumachen. Auch beschreibt er die Insassen dieses Raumschiffes als sehr schöne und besonders friedfertige Menschen. Über diese Erlebnisse hat er dann ein Buch geschrieben, das in den fünfziger Jahren in den Vereinigten Staaten ein Bestseller wurde. Im Jahr 1961 habe ich bei einer Reise zur Palomar-Sternwarte bei Herrn Adamski noch einmal Station gemacht. Aus seiner Würstchenbude ist mittlerweile ein großes Motel und Restaurant geworden. Durch seine Begegnung mit den Insassen der fliegenden Untertassen ist Herr Adamski Millionär geworden. Das soll ihm auch gegönnt sein.
Was mich an dieser Geschichte erstaunt, ist lediglich die Tatsache, daß diese Besucher aus dem Weltall ausgerechnet beim Würstchenbudenbesitzer gelandet sind. Sie hätten doch bloß ein paar Kilometer weiter zu fliegen brauchen, um auf dem Gipfel des Mount Palomar zu landen. Dort hätten sie nämlich nicht Herrn Adamski als Gesprächspartner gehabt, sondern den damaligen Direktor dieser Sternwarte, Prof. Dr. Ira S. Bowen, einen der führenden Astronomen der Welt. Ein Gespräch mit einem solchen Mann wäre doch für beide

Seiten sehr viel ergiebiger gewesen. Finden Sie das nicht auch seltsam? Ich jedenfalls finde es unverständlich, daß sich diese uns doch wohl technisch und wissenschaftlich überlegenen Brüder im All bei ihren Landungen noch nie mit einem Wissenschaftler unterhalten haben, mit dem ein vernünftiges Gespräch zu erwarten gewesen wäre. Nun, die Ufologen kennen diese Einwände und begegnen ihnen mit dem lapidaren Argument, daß diesen überlegenen Intelligenzen aus dem Weltall gar nicht daran läge, ihre Anwesenheit und ihre Überlegenheit bekanntzugeben. Deshalb hätten sie sich bevorzugt an naive Menschen gewandt, die unverbildet genug seien, ihre Existenz bewundernd hinzunehmen. Ich muß gestehen, daß mir diese Auslegung ziemlich fadenscheinig vorkommt.

Nun gibt es freilich auch eine ganze Reihe von Beobachtungen »fliegender Untertassen«, die auch einem Wissenschaftler wirklich zu denken geben. So sind Ufos – als solche wurden sie gedeutet – auch von vielen Flugzeugbesatzungen gesichtet worden. Ja, es ist sogar so, daß ein amerikanischer Jagdfliegerpilot, Leutnant Mantell, über der Luftwaffenbasis Gorman Field, Kentucky, eine solche »fliegende Untertasse« beobachtet hat und ihr mit den letzten Kräften seiner Maschine bis in größte Höhen nachstieß. Sein Flugzeug stürzte ab, und dieser Pilot ist bisher das einzige Todesopfer der fliegenden Untertassen. Die Berichte solcher kompetenten Techniker, wie Piloten und Flugkapitäne, nehme ich bestimmt ernst. Trotzdem möchte ich zur Erklärung ihrer Beobachtungen doch erst einmal alle uns bekannten oder auch weniger bekannten Naturerscheinungen abklopfen, bevor ich an Ufos glaube.

So ist es sehr auffallend, daß sich die Insassen dieser vermeintlichen fremden Raumschiffe überaus friedlich verhalten haben. Und das entspricht nun genau dem Wunschbild der Menschen heute. Es ist wohl kein Zufall, daß der moderne Glaube an die »fliegenden Untertassen«, der aus dem Jahr 1947 stammt, der Explosion der ersten Atombombe sehr schnell auf dem Fuß folgte. Mit der Atombombe nämlich begann jene tiefe Unsicherheit und wachsende Angst vor der Wissenschaft und Technik. Zum erstenmal gelang es dem Menschen, Naturkräfte zu entfesseln, die er offenbar selber in seinen ganzen Auswirkungen noch nicht beherrschte. Das gesamte Weltbild und die Machtkonstellation der Großmächte auf der Welt hat sich seit jener Zeit ja völlig umgewandelt. Die klassischen menschlichen Maßstäbe reichten nicht mehr aus, um ein Ende, das besonders böse aussieht,

Der Flugingenieur Gert Niggemayer der Lufthansa Boeing 707 D-ABUC »Bremen« (rechts) berichtet dem Autor Gert Westphal, wo ihm und seiner Mannschaft UFOS begegnet sind.

abzuwehren. Just in dieser Zeit erschienen die fliegenden Untertassen, in denen man Heilsboten erblickte. Diese fremden Wesen haben ja mit der Entwicklung der Weltraumfahrt über riesige Strecken ihre phantastische Beherrschung der Naturkräfte bewiesen. Sie also auch müßten im Besitze all jener Kenntnisse sein, mit denen man den drohenden Selbstmord der Menschheit verhindern könnte. Im Glauben an die Wirklichkeit der »fliegenden Untertassen« steckt also der uralte Glaube der Menschheit an den Erlöser.
Während der ersten dreißig Jahre nach ihrer ersten Sichtung jedoch haben sich die Insassen der »fliegenden Untertassen« um die Geschicke der Menschheit überhaupt nicht gekümmert. Ihnen wäre es doch ein leichtes gewesen, zwischen den rivalisierenden Großmächten zu vermitteln und sie mit einem Ultimatum zu einer echten Abrüstung und zu einer Aufgabe ihrer zerstörerischen Atomwaffen zu veranlassen. Mir will scheinen, daß dieses sehr natürliche, wenn auch naive Wunschbild dafür gesorgt hat, daß auch heute noch so viele an die »fliegenden Untertassen« glauben, ja sogar auf sie hoffen.
Ich selbst muß gestehen, daß ich für einen Tag lang auch einmal von dieser Idee fasziniert und elektrisiert war und damit spielte. Im Jahr

1949 hat ein Major der amerikanischen Luftwaffe, Donald Keyhoe, ein Buch veröffentlicht mit dem Titel »The Flying Saucers are real«. Er hatte Zugang zu den zahllosen Berichten, die über »fliegende Untertassen« bei der amerikanischen Luftwaffe in Washington eingegangen waren. Er war davon so beeindruckt, daß er sich von der Existenz der Ufos überzeugen ließ. Das Buch war glänzend geschrieben, und ich selbst habe daraus meine Schlüsse gezogen. Ich war davon so überwältigt, daß ich noch am gleichen Abend – ich habe damals noch in Texas gelebt und gearbeitet – zu einem Freund und Kollegen fuhr. Es war Prof. Dr. Kurt Kramer, der heute den Lehrstuhl für Physiologie an der Universität Göttingen innehat. Ich habe ihm von dem Buch von Major Keyhoe erzählt, und wir haben eine ganze Nacht lang heftig darüber diskutiert. Es wäre für uns Wissenschaftler eine ungeheure, geschichtlich einmalige Gelegenheit gewesen. Diese uns offenbar doch weit überlegenen Intelligenzen aus dem Weltall hätten uns nämlich viele Geheimnisse erzählen können, an denen wir schon so lange herumrätseln und deren Lösung wir auch nur ahnen können. Als ich nach kurzem Schlaf am nächsten Morgen erwachte, habe ich dann jene Wahrscheinlichkeitsrechnung überschlagen, von der ich Ihnen in diesem Brief erzählt habe. Und dabei kam ich schon vor fast 30 Jahren zu demselben Urteil, das ich heute auch noch über die »fliegenden Untertassen« fällen möchte.

Ihre Existenz ist nicht unmöglich – sie ist nur zu unwahrscheinlich. Schade – es wäre so schön und für uns Astronomen so überaus spannend gewesen.

Es gibt sie bestimmt, diese wissenden Brüder im All. Über meinem Kamin hängt ein großes Bild des Spiralnebels M 51 in dem Sternbild der Jagdhunde, das ich aus über 6 000 kleinen Mosaiksteinchen zusammengesetzt habe. In einer stillen Abendstunde, wenn ich das Bild im Dämmerlicht betrachte, denke ich öfter an einen Kollegen, der vielleicht auf einem erdähnlichen Planeten in jenem Spiralnebel wohnt. Er mag sogar auch ein ähnliches Bild über dem Kamin hängen haben – das jedoch unsere Milchstraße darstellt. Vielleicht denkt er sogar an mich und sinnt gleich mir darüber nach, daß wir beide zu völlig verlorenen und einsamen Menschheiten gehören – gestrandet in den unüberbrückbaren Ozeanen von Raum und Zeit.

Sehen Sie – so etwas halte ich für wahrscheinlicher als ein Ufo.

Mit herzlichen Grüßen Ihr

Heinz Haber

9

Sehr geehrter Herr Professor Haber!

Ich habe inzwischen auch alle Bücher von Herrn von Däniken gelesen, und ich muß sagen, daß ich von seinen Ideen fasziniert bin. Er wirft dabei doch sehr viele Probleme auf, die mit der Geschichte der Menschheit zu tun haben. Das sind alles Probleme, welche die Wissenschaft noch nicht richtig lösen konnte. Die Lösungen, die Herr von Däniken vorschlägt, erscheinen mir eigentlich sehr einleuchtend. Das Weltall ist so groß und so weit, und es gibt sicher noch viele Planeten wie unsere Erde in der ganzen Milchstraße. Es wäre da bestimmt vermessen, wenn wir glaubten, daß wir die einzigen intelligenten Wesen im Weltall wären, die allein die Weltraumfahrt erfunden haben. So könnte es doch durchaus möglich sein – wie Erich von Däniken behauptet –, daß solche vernunftbegabten Wesen uns einmal hier auf der Erde besucht haben. Da das ja vor vielen tausend Jahren schon geschehen sein soll, waren wir natürlich noch nicht so weit. Und so könnte ich ganz gut verstehen, daß diese fremden Wesen den Menschen dann alles erzählt haben, was sie über die Natur wußten. In meinen Augen erklärt eigentlich Erich von Däniken sehr schön, wo man in alten Schriften Hinweise findet auf Dinge, die Menschen damals ja noch nicht wissen konnten. Das mußten sie doch von irgend jemand haben. Besonders interessant finde ich dabei, daß diese außerirdischen Wesen mit ihrer geistigen Überlegenheit die damalige Menschheit, die doch noch ziemlich dumm war, befruchtet haben. Nur so ist es ja eigentlich zu erklären, daß die Menschheit, die zuvor nur in Höhlen gelebt hat, plötzlich große Kulturen aufbaute, Städte gründete und zur See fuhr. Deshalb

verstehe ich nicht, weshalb die Wissenschaftler nichts von Herrn von Däniken wissen wollen und seine ganzen Vorstellungen für Unsinn erklären. Manchmal denke ich, die Wissenschaftler sind beleidigt, daß sie selbst nicht die Lösung gefunden haben. Nicht umsonst spricht man ja von der bezopften Wissenschaft, und die Wissenschaftler können es ja nicht leiden, wenn Laien plötzlich eine Lösung finden. Dabei hat Herr von Däniken doch nur diese Probleme aufgezeigt, für die es keine Lösung gibt. Er hat immer wieder die Wissenschaftler aufgefordert, die Dinge zu erklären. Ich finde, daß Herr von Däniken recht hat, wenn er sagt, daß die Wissenschaftler darüber schweigen, weil sie selber die Lösung nicht wissen. Es ist aber auch wirklich erstaunlich, daß die Bücher des Herrn von Däniken ja in einer Auflage von vielen Millionen in der ganzen Welt gelesen werden. Das wäre bestimmt nicht der Fall, wenn Herr von Däniken nicht echte Beweise dafür hätte, daß wirklich fremde Wesen einmal auf der Erde gelandet sind. Ich wollte Ihnen immer schon schreiben, weil ich wissen wollte, was ein Wissenschaftler darüber denkt. Ich jedenfalls als Laie muß sagen, daß all das, was Herr von Däniken schreibt, mir sehr einleuchtet. Eine Antwort von Ihnen würde mich sehr interessieren.
Mit besten Grüßen

Ihre

Iris I.

Hier irrt Erich von Däniken!

Sehr geehrte Frau I.!

Über Ihren Brief, für den ich Ihnen sehr danke, habe ich mich wirklich gefreut. Er gibt mir nämlich Gelegenheit, zu den Büchern des Herrn von Däniken Stellung zu nehmen.
Es wird Ihnen aufgefallen sein – und deshalb haben Sie wohl auch diesen Brief geschrieben –, daß ich in meinen Fernsehsendungen nie zu dem Thema »Däniken« Stellung genommen habe. Vielleicht kennen Sie auch meine Bücher und lesen gelegentlich die von mir herausgegebene Zeitschrift »bild der wissenschaft«. Dabei wird Ihnen bestimmt aufgefallen sein, daß ich diesem Thema auch dort ausgewichen bin. Gleich zu Beginn möchte ich Ihnen mitteilen, weshalb ich das getan habe.
Es ist nämlich wirklich so, daß die Vorstellungen des Herrn von Däniken von allen Fachwissenschaftlern, wie Sie selbst geschrieben haben, für Unsinn gehalten werden. Herr von Däniken hat in seinen Büchern sehr viele Probleme der Astronomie, der Geschichtswissenschaften, der Archäologie, der Geologie und der Theologie angeschnitten. Nun sind wir Wissenschaftler uns der Grenzen unseres Wissens eigentlich selbst sehr gut bewußt, und allen von uns brennen ungelöste Probleme auf den Nägeln. Nur sind wir uns als Fachwissenschaftler – jeder auf seinem eigenen Gebiet – völlig darin einig, daß die Patentlösungen des Herrn von Däniken zu naiv sind. Das liegt einfach daran, daß er von den genannten Wissenschaften trotz seines unbestrittenen Fleißes einfach nicht genug versteht. Ich habe mich deswegen zu diesen Patentlösungen des Herrn von Däniken bisher nicht geäußert, weil ich in vielen der genannten Wissenschaften nicht gut genug Bescheid weiß. Es würde mir als Astronom niemals einfal-

len, meinen Kollegen von der Archäologie oder den Geschichtswissenschaften Patentlösungen ihrer ungelösten Probleme anzubieten. Ich kann nur für mein eigenes Wissenschaftsgebiet, nämlich die Astronomie, sprechen. Darin allerdings kann ich Herrn von Däniken in einigen Fällen durchaus sehr überzeugend widersprechen. Hier, in der Astronomie, kann ich Herrn von Däniken wirklich nachweisen, daß er nichts davon versteht. Ich bin überzeugt, daß viele meiner Kollegen, die Däniken als Fachleute auf ihren Gebieten ebenso angegriffen und ihnen Engstirnigkeit vorgeworfen hat, genauso denken. Um Herrn von Däniken auf allen Gebieten, die er mit erstaunlichem Mut angefaßt hat, zu widerlegen, müßten viele Fachleute zu einer Tagung zusammenkommen. Und dazu, sehr geehrte Frau I., ist uns allen die Zeit eigentlich zu schade.
Das klingt alles ein wenig sarkastisch; aber Sie müssen auch die Einstellung von uns Wissenschaftlern verstehen, denn wir sind ja in unserer Gesamtheit von Herrn von Däniken als bezopft und uneinsichtig angegriffen worden. Es sind nämlich nicht die Behauptungen Herrn von Dänikens, die uns beschäftigen; denn diese kann jeder Fachwissenschaftler von uns sehr überzeugend widerlegen. Was uns jedoch beschäftigen muß, ist die Tatsache, daß Herr von Däniken mit seiner Phantasie einen so großen Erfolg hat. Darüber sollten wir als Wissenschaftler in der Tat nachdenken.
Dieser Brief sollte nicht zu lang werden. Ich möchte Ihnen aber an einem Beispiel aus meinem eigenen Fachgebiet, der Astronomie, zeigen, wie Herr von Däniken operiert und welche Tricks er anwendet, seine Leser auf seine Seite zu bringen.

In einem seiner ersten Bücher schreibt Herr von Däniken von erstaunlichen Kenntnissen der Sumerer über den Lauf der Himmelskörper. Die Sumerer haben vor etwa 3500 Jahren im Vorderen Orient eine sehr erstaunliche Kultur aufgebaut. Die Beobachtung der Himmelskörper war für sie ein wichtiger Teil ihrer Religion – ja, man kann sogar sagen – es war ein echtes Hobby von ihnen. So wußten sie natürlich schon längst, daß der Mond im Verlauf eines Monats einmal den Sternenhimmel umkreist. Wenn er vor der Sonne steht, haben wir Neumond. Eine Woche später etwa hat er ein Viertel des Himmels, von rechts nach links laufend, umrundet und erscheint jetzt als zunehmender Halbmond. Wiederum eine Woche später steht er der Sonne als Vollmond gegenüber. Nach weiteren sieben Tagen hat er Dreiviertel des Himmels umrundet und steht nun als abnehmender Halbmond rechts von der Sonne. Nach weiteren sieben Tagen ist der Umlauf vollendet, und der Mond steht wieder als unsichtbarer Neumond vor der Sonne.

Die meisten Völker wußten, daß dieser ganze Vorgang etwa 29¹/₂ Tage benötigt. Der Länge dieser Zeitspanne verdanken wir ja unseren Monat. Die moderne Astronomie mit ihrer fortgeschrittenen Meßtechnik hat es nun zuwege gebracht, die sogenannte »synodische« Umlaufzeit des Mondes sehr genau festzustellen, das heißt die Zeit, die der Mond im Schnitt benötigt, um, bei der Sonne beginnend, den Himmel zu umrunden und wieder zu ihr zurückzukehren. Diese synodische Umlaufzeit des Mondes beträgt 29 Tage, 12 Stunden, 44 Minuten und 2,98 Sekunden. Es ist natürlich nicht sehr einfach, diese Periode mit einer so großen Genauigkeit bis auf eine hundertstel Sekunde genau zu bestimmen. Dazu nämlich muß man den Mond in seinem Umlauf von Sonne zu Sonne mit großer Präzision gewissermaßen »abstoppen«.

Nun war den Astronomen, welche die Geschichte ihrer Wissenschaft erforschten, schon seit langem bekannt, daß die alten Sumerer schon vor mehr als dreieinhalbtausend Jahren die synodische Umlaufzeit des Mondes bis auf eine Sekunde genau wußten. An dieser Stelle nun setzt Herr von Däniken ein, weil er nicht versteht, wie die Sumerer so etwas mit dieser Genauigkeit haben messen können. Und jetzt kommt ein typischer Dänikenscher Trick. Er stellt das erstaunliche Wissen der Sumerer einfach in den Raum, und kein Astronom, der die Geschichte seiner Wissenschaft kennt, kann ihm da widersprechen. Dann allerdings stellt Herr von Däniken eine seiner typischen

Fragen: Wie ist es denn möglich, daß die Sumerer eine so erstaunlich genaue Messung durchführen konnten? Ist es nicht richtig, daß ihnen zu ihrer Messung lediglich Sonnenuhren zur Verfügung standen, bei denen man doch bestenfalls die Zeit bis auf 2 Minuten genau ablesen kann? Hatten denn die Sumerer damals schon das ganze moderne Instrumentarium, wie Großfernrohre und Quarzuhren, mit denen man doch nur mit ganz gerissenen Tricks die synodische Umlaufzeit des Mondes auf die Sekunde genau bestimmen kann? Nein – so sagt Herr von Däniken – das haben sie nachweislich nicht gehabt. Also muß es doch jemand, der es genau wußte, den Sumerern gesagt haben. So messerscharf schließt Herr von Däniken.
Durch geschickte Fragestellung hat Herr von Däniken seinen Leser nun soweit, daß er unter Berufung auf seinen gesunden Menschenverstand die Patentlösung akzeptieren muß: Die Außerirdischen waren die Quelle dieser Kenntnis. Es liegt doch wohl auf der Hand, daß diese uns geistig überlegenen Raumfahrer aus den Tiefen der Milchstraße die physikalischen und astronomischen Meßdaten über unser ganzes Planetensystem ermittelt hatten, bevor sie auf der Erde landeten. Mit ihrer phantastischen Technik war es ihnen ein leichtes, die synodische Umlaufzeit des Mondes zu bestimmen. Und das haben sie dann natürlich den Priestern der Sumerer, die sie unter anderem auch besucht haben, flugs erzählt und sie beauftragt, diese Zahl in Stein zu hauen, damit die Archäologen und Astronomen fast 4000 Jahre später etwas hätten, worüber sie sich wundern können.
Das Verblüffende an dieser typisch Dänikenschen Story ist nun die Tatsache, daß auch in den Hochkulturen Mittelamerikas, nämlich bei den Mayas, die synodische Umlaufzeit des Mondes etwa auf die Sekunde genau bekannt war. Nun gab es damals ja noch keine wissenschaftlichen Zeitschriften, und die Mayas haben auch fast 2000 Jahre später ihre Hochkultur erlebt. Es gibt also keine archäologisch nachweisbare Verbindung zwischen den Sumerern und den Mayas, so daß die erstaunliche Übereinstimmung dieser Kenntnis etwa auf Überlieferung bestanden hätte. Dafür aber hat Herr von Däniken eine hinreißend einfache Erklärung: Die Besucher aus dem Weltall haben das auch den Mayas verraten.
Nun möchte ich Ihnen einmal erzählen, wie die Sumerer und Mayas – völlig unabhängig voneinander – die mittlere synodische Umlaufzeit des Mondes mit dieser erstaunlichen Genauigkeit gemessen haben. Dazu haben sie in der Tat Sonnenuhren benutzt, auf deren Un-

zulänglichkeit Herr von Däniken aufmerksam gemacht hat. Den Sumerern und den Mayas war nämlich eines gemeinsam: Sie waren gleichermaßen von der Erscheinung der totalen Sonnenfinsternisse fasziniert. So haben beide Völker auch unabhängig voneinander die Entdeckung gemacht, daß sich totale Sonnenfinsternisse in einem erstaunlichen Rhythmus von 18 Jahren, 10 Tagen und 8 Stunden wiederholen. Ich spreche dabei allerdings nur von Sonnenfinsternissen, die mit der Dauer ihrer Verfinsterung einander sehr ähnlich sind. Während dieser fast 18 Jahre ereignen sich im Schnitt nämlich noch etwa 40 andere Sonnenfinsternisse, von denen nur wenige total sind, im Schnitt etwa 15, und die man auch nicht alle am selben Ort der Erde beobachten kann. Es gehört schon ein erheblicher Scharfsinn dazu, diese Großperiode im Ablauf der totalen Sonnenfinsternisse zu erkennen. Für diesen Rhythmus gibt es sogar einen Namen: Man nennt ihn die Sarosperiode, so genannt nach einem Astronomen des Altertums. So war dem großen griechischen Philosophen Thales von Milet diese Sarosperiode bereits bekannt. Er hat sie dazu benutzt, um die Finsternis vom 28. Mai 585 vor der Zeitwende präzise vorauszusagen. Aber damit habe ich Ihnen ja noch nicht erklärt, woher die Sumerer und die Mayas die synodische Umlaufzeit des Mondes so genau kannten.

Eine totale Sonnenfinsternis ereignet sich immer dann, wenn sich die Scheibe des Mondes so genau vor die Sonne schiebt, daß er sie völlig verdunkelt und es für wenige Minuten Nacht wird. Diese Ereignisse sind – wie gesagt – für einen bestimmten Ort auf der Erde selten und waren für die Sonnenfanatiker des Altertums eine große Sensation. Nun nehmen wir einmal an – und das muß geschehen sein –, daß die Sumerer und die Mayas das nur wenige Minuten dauernde Ereignis einer totalen Sonnenfinsternis mindestens auf die Stunde genau mit ihren Sonnenuhren registriert haben. Dabei wollen wir durchaus zugeben, daß die Sonnenuhren ziemlich ungenau sind. Dennoch wollen wir diesen geschickten Beobachtern des Sternenhimmels doch zutrauen, daß sie bei der Festlegung der Uhrzeit für diesen Moment der totalen Verfinsterung mindestens die Stunde richtig abgelesen haben. Sie haben es bestimmt noch genauer ablesen können. Herr von Däniken gibt ja selbst zu, daß die Ablesegenauigkeit einer Sonnenuhr bei etwa zwei Minuten liegt. Und damit ist Herr von Däniken bereits in die Falle getreten.

Die Sumerer und die Mayas haben das Ereignis einer totalen Son-

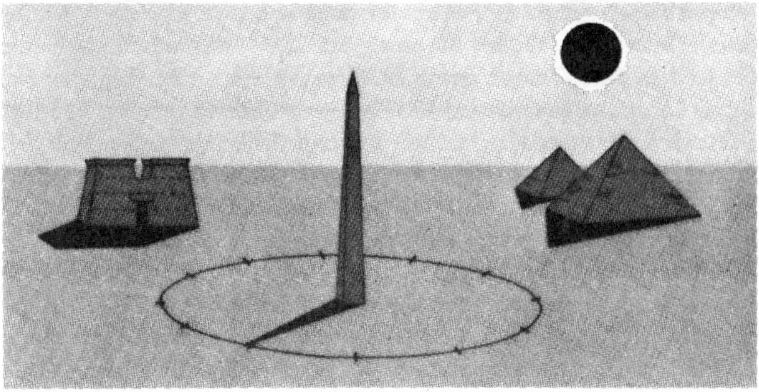

Die Steinnadel eines hohen Obelisken diente den alten Völkern als Sonnenuhr. An der Position der Schattenspitze, die längs eines Halbkreises auf dem Boden während des Tages entlangwanderte, konnte man damals schon die Tageszeit auf etwa zwei Minuten genau ablesen.

nenfinsternis nach Tag und Uhrzeit (mindestens auf eine Stunde genau) in der Tat in Stein gehauen. Allerdings nicht deshalb, weil die Besucher aus dem Weltall sie angewiesen hätten. Sie haben diese Daten in ihr Hauptbuch eingetragen, weil sie sich dafür interessierten und es selbst beobachtet haben. Dann allerdings kommt der Trick, den Herr von Däniken nicht kennt. Sie haben dann nämlich die nächsten hundert, ja sogar tausend Jahre alle weiteren Sonnenfinsternisse getreulich aufgezeichnet. Nehmen wir der Einfachheit halber einmal an, daß sie tausend Jahre später wieder eine solche Sonnenfinsternis beobachtet haben, deren Eintritt sie wieder auf eine Stunde genau gemessen haben, oder sogar noch genauer. Während dieser tausend Jahre nun ist der Mond 12370mal um die Erde gelaufen. Umgekehrt wußten die schlauen Beobachter aus dem Altertum, wieviel Jahre, Monate, Tage und sogar wie viele Stunden der Mond für diese 12370 Umläufe benötigt hat. Diese Zahlen haben sie dann nur durcheinander dividiert, und heraus kommt die mittlere synodische Umlaufzeit des Mondes.
Nun wollen wir einmal das machen, was die Wissenschaftler bei Mes-

sungen dieser Art eine »Fehlerrechnung« nennen. Die alten Astronomen haben also bei der Messung der 12370 Mondumläufe einen Fehler von einer Stunde gemacht. Dieser Fehler wird nun aber bei dieser Mittelung auch durch 12370 geteilt. Eine Stunde hat ja 3600 Sekunden, das heißt also, daß bei dieser raffinierten Meßtechnik der Fehler 3600 durch 12370 beträgt. Nach Adam Riese betrug daher der Fehler eine Drittelsekunde. Der Fehler wird allerdings größer, wenn man die Zeitspanne zwischen zwei beobachteten Sonnenfinsternissen nicht so lang macht. Aber selbst bei zwei Finsternissen, die 300 Jahre auseinanderliegen, liegt der Fehler immer nur bei etwa einer Sekunde. Nun waren eben die Sumerer und die Mayas allerdings sehr fleißige Beobachter des Himmels, und ihre Kulturen haben lange genug bestanden, daß sie diese 300 Jahre zur Verfügung hatten. Aus diesem Grund haben wir Astronomen uns eigentlich nie gewundert, weshalb unsere Kollegen im Altertum die synodische Umlaufzeit des Mondes bereits auf die Sekunde genau kannten. Diese haben sie selber gemessen, und sie brauchten keinen fremden Raumfahrer aus der Milchstraße, der ihnen das erzählen mußte.
Es sind nun zwei Gründe, die mich bewogen haben, Ihnen diese Story vom Mondumlauf so ausführlich zu erläutern. Es gibt nämlich keine bessere Autorität als Adam Riese, um einen Kontrahenten zu widerlegen. Auch kann man damit die raffinierte Taktik Dänikens sauber bloßlegen. Ich meine seinen immer wiederkehrenden Appell an den gesunden Menschenverstand; das ist echte Bauernfängerei. Er spekuliert nämlich auf die Unkenntnis der Millionen seiner Leser, unter denen nur ein geringer Bruchteil die Fachkenntnisse besitzt, um sein Spiel zu durchschauen. Der zweite Grund, weshalb ich Ihnen diese Geschichte so ausführlich beschrieben habe, ist folgender: Vor einigen Jahren nämlich hatte ich Gelegenheit, Erich von Däniken dieses Gegenargument persönlich vorzutragen. Ich hatte damals geschäftlich in Stuttgart zu tun, war abends allein und schlenderte nach dem Abendessen durch das Hotel. Dort begegnete ich völlig zufällig Herrn von Däniken, der auch allein war. Obwohl wir uns zuvor persönlich nie begegnet waren, erkannten wir uns sofort und gingen aufeinander zu. Anschließend setzten wir uns zusammen und haben uns drei Stunden sehr angeregt unterhalten.
Nun würden Sie vielleicht glauben, daß eine Begegnung zwischen Erich von Däniken und einem Vertreter der Wissenschaft, die er für so ausgesprochen engstirnig hält, eine ziemlich unschöne und unan-

genehme Stimmung zur Folge gehabt hätte. Genau das Gegenteil war der Fall. Erich von Däniken ist nämlich ein überaus gewinnender und keineswegs aggressiver Mensch. Er strahlt eine so unbeirrbare Fröhlichkeit aus, daß jede Unterhaltung mit ihm ein Vergnügen ist. Erich von Däniken hatte damals schon mit seinem ersten Buch »Erinnerungen aus der Zukunft« seinen ersten Welterfolg hinter sich. Das eben strahlte er aus. Natürlich habe ich die Gelegenheit benutzt, um ihm just jenes Argument, das ich Ihnen so ausführlich vorgerechnet habe, aufzutischen. Auf einer Papierserviette habe ich ihm das alles vorgerechnet. Er hat dabei in einer Weise reagiert, die mich völlig entwaffnete. Er hat mich mit seinem ganzen Charme angelächelt und mit den Schultern gezuckt. Mit erstaunlichem Geschick zog er sich aus dieser logischen Falle, in der er sich, meiner Meinung nach, doch unentrinnbar gefangen hatte. Drei Stunden lang ging das so weiter. Ich versuchte ihm zu erläutern, daß seine Hypothese zwar nicht völlig unmöglich, dennoch aber überaus unwahrscheinlich sei. Es war, als ob ich gegen eine Gummiwand Tennis spielte. Für mich war es ein einmaliges Erlebnis, daß Erich von Däniken von meinen Argumenten überhaupt nicht beeindruckt war. Nie hat er seine gute Laune verloren, und immer wieder hat er betont, wie glücklich er sei, mit mir sprechen zu können. Zu später Nachtstunde schließlich habe ich mich von ihm verabschiedet, und zum Schluß sagte ich zu ihm: »Herr von Däniken, nun haben wir uns ja mehr als drei Stunden unterhalten. Ich muß jetzt eine abschließende Frage an Sie stellen, aus der meine echte Bewunderung für Sie spricht. Auch jetzt, nach diesem langen Gespräch mit Ihnen, weiß ich immer noch nicht, wie Sie selbst in Ihrem Herzen über Ihre Thesen denken: Glauben Sie selbst daran, oder nehmen Sie mit gekonnter Berechnung die ganze Welt auf den Arm?«

Eine solche Schlußbemerkung hätte jeden anderen Autor tödlich beleidigt. Hätten wir hundert Jahre früher gelebt, so hätten wir uns wahrscheinlich sechs Stunden später im Morgengrauen auf dem Parkplatz des Hotels »Graf Zeppelin« in Stuttgart zu einem Duell wiedergesehen. Nicht so Erich von Däniken. Er tat so, als hätte er meine gezielte Frage überhaupt nicht gehört; nein, er stand auf, lächelte mich mit seinem unwiderstehlichen Charme an und betonte, wie schon den ganzen Abend hindurch, noch einmal seine große Freude, mich persönlich kennengelernt zu haben. Wir schieden als gute Freunde; er war einfach umwerfend. Die Papierserviette mit

meinen Rechnungen über die Umlaufzeit des Mondes hat er liegengelassen.
Diese persönliche Liebenswürdigkeit, die ihm einfach angeboren ist, verschafft ihm auch bei jedem öffentlichen Auftreten einen unschätzbaren Vorteil. Nach dieser Begegnung verstehe ich jetzt auch, weshalb Herr von Däniken die Konfrontation mit Fachwissenschaftlern überhaupt nicht zu scheuen braucht. Er hat sich in zahllosen öffentlichen Auftritten und auch in sehr bloßstellenden Fersehsendungen immer hervorragend geschlagen. Er ist dabei immer der Vertreter des gesunden Menschenverstandes. Alle die Fachwissenschaftler, die man ihm persönlich zur Widerlegung seines Unsinns gegenüberstellt, wirken diesem strahlenden Optimisten gegenüber wie kleinliche Kritikaster, die mit ihrer pedantischen Wissenschaftlichkeit nur das große Naturgenie verbellen. Nun, das ist ein Teil der ungeheuren weltweiten Wirkung, die dieser Mann hat. Darüber will ich später noch etwas schreiben; inzwischen möchte ich jedoch noch ein wenig über seine Thesen reden.
Bei diesem persönlichen Gespräch habe ich mit Herrn von Däniken natürlich auch über jenes Gebiet gesprochen, auf dem er seine Stärke sieht, nämlich über die Archäologie. Da konnte ich ihm leider nicht so gut Kontra geben, da das nicht mein Fachgebiet ist. Lediglich mit dem Mondumlauf ist er durch meinen persönlichen Vorgarten gelaufen und hat mir dort ein paar Blumen zertreten. Deshalb habe ich ihm die Papierserviette mit meinen Rechnungen unter die Nase gehalten. Hinterher habe ich mich natürlich mit Fachkollegen über diese persönliche Begegnung mit Erich von Däniken unterhalten. Dabei sagten mir meine Kollegen: »Ja, Sie als Astronom haben es ja leicht. Ihr Wissenschaftsgebiet läßt sich doch mit der berühmten astronomischen Präzision belegen. Bei diesem Wust von Dänikenschem Unsinn können wir doch nur unsere Hände falten; bei jedem Versuch der Widerlegung sind wir doch automatisch die Dummen, und keiner würde lesen, was wir dagegen einzuwenden haben.«
Diese schwierige Lage meiner Kollegen habe ich natürlich sofort eingesehen, und ich konnte ihnen auch keine Lösungen vorschlagen, wie sie am besten auf den Dänikenschen Bazillus reagieren sollten. Einer von ihnen jedoch hat eine hinreißende Lösung gefunden. Es ist dies Professor Dr. Wilhelm Selhus, ein namhafter deutscher Naturwissenschaftler, Universitätsprofessor, Industrieberater, Erfinder und Mitarbeiter vieler internationaler Wissenschaftsorganisationen. Er hat

Nachzeichnung eines Steinreliefs aus Palenque, in dem Erich von Däniken die Abbildung eines Astronauten zu erkennen glaubt. Es ist nicht gelungen, eine Photographie des Originals aufzufinden, so daß wir auf die »Nachzeichnung« angewiesen sind.

über 200 naturwissenschaftliche Arbeiten geschrieben. Auch als Archäologe ist er bereits mit vielen wissenschaftlich anerkannten Arbeiten über die Germanen, die Mayas, die Ägypter und Nepalesen hervorgetreten. Der Name des Autors freilich ist ein Pseudonym, unter dem dieser Wissenschaftler ein Buch mit dem Titel »Und sie waren doch da – Wissenschaftliche Beweise für den Besuch aus dem All« veröffentlicht hat. Professor Selhus hat den einzig richtigen Weg gefunden, Erich von Däniken zu antworten. Als Fachmann der Archäologie hat er eine hinreißende Parodie geschrieben, in der er die raffinierte Taktik Herrn von Dänikens in überaus witziger Form bloßstellte. Sich unter einem Pseudonym versteckend, hat er seine umfassenden archäologischen Kenntnisse dazu benutzt, um Herrn von Däniken zu zeigen, was er eigentlich alles versäumt hat. Mit todernstem Gesicht beschreibt Professor Selhus eine große Zahl von bildlicher Darstellung aus alten Kulturkreisen und deutet sie dann im Sinn von Däniken. Dabei ergeben sich außerordentlich witzige Auslegungen, die für jeden Fachmann in ihrer Ironie einfach umwerfend sind. Daraus möchte ich zwei Beispiele zitieren.

Schon 2500 vor Christus gab es in Ur in Mesopotamien Kernkraftwerke. Reaktor-Arbeiter schleppen einen Krug mit schwerem Wasser.

Die Inka-Gemahlin (»Coya«) trägt die Samenschleuder in der rechten Hand. Wegen des Zwangs, einen Thronfolger zu gebären, war sie auf diese Chromosomen-Trennanlage angewiesen.

Auf Seite 127 zeigt Selhus eine Zeichnung aus dem Jahr 2500 v. Chr., auf der zwei Sklaven, einen Krug mit einer Stange über der Schulter tragend, abgebildet sind. Er schreibt dazu: »Daß man schweres Wasser kannte, zeigt in überzeugender Weise ein Bild aus Ur in Mesopotamien. Zwei kräftige Männer tragen schwer an einem Tonkrug von etwa 10 bis 12 Liter Inhalt. Wenn es sich um normales, leichtes Wasser oder Wein handeln würde, könnte diese Menge durchaus ein einzelner Mann mit Leichtigkeit tragen. Doch da sich zwei Männer schwer tun, den verhältnismäßig kleinen Krug zu tragen, muß es sich wohl um schweres Wasser handeln.« (Für jeden Kenner ist es dabei eine besondere Delikatesse, daß »schweres« Wasser maximal nur bis zu 11% schwerer ist als normales Wasser.).
Getreu der Logik, mit der Erich von Däniken arbeitet, schließt Professor Selhus aus diesem antiken Bild messerscharf, daß die alten Mesopotamier bereits schweres Wasser kannten. Daraus muß weiterhin der Schluß gezogen werden, daß sie Kernreaktoren, bei denen schweres Wasser bekanntlich als Moderator benutzt wird, bereits gekannt haben. Die Kerntechnik freilich haben die Mesopotamier nicht

selbst erfunden; Erich von Däniken hat uns ja erzählt, woher sie diese Weisheit hatten: von außerirdischen Besuchern. Noch schöner ist ein zweites Beispiel aus dem Buch von Professor Selhus.

Die moderne Biologie hat bekanntlich mit Erfolg das Wesen der Vererbung aufgeklärt. So wissen wir zum Beispiel, wie das Geschlecht eines Kindes bestimmt wird. Unter den Millionen von männlichen Samen besitzen nämlich ziemlich die Hälfte die Chromosomen-Kombination Y, während die andere Hälfte die Chromosomen-Kombination X besitzt. Um den Witz der jetzt kommenden Story zu verstehen, brauche ich Ihnen die Bedeutung dieser Symbole gar nicht zu erklären. Es genügt, wenn ich Ihnen sage, daß ein Samen mit der Y-Kombination bei der Befruchtung des weiblichen Eis zur Geburt eines Jungen führt. Kommt dagegen ein Samen mit der X-Kombination zur Befruchtung, dann wird es ein Mädchen. Da diese beiden Typen des männlichen Samens ziemlich genau im Verhältnis halb zu halb vorkommen, besteht die menschliche Nachkommenschaft schon seit jeher ziemlich genau zur Hälfte aus Jungen und Mädchen. Nun ist es möglich, diese beiden Samensorten durch erheblichen Aufwand im Laboratorium zu trennen. Die Y-Samen sind nämlich um einen geringen Bruchteil leichter als die X-Samen. Wenn man daher eine Probe männlichen Samens in einer Ultrazentrifuge lang genug herumwirbelt, dann setzen sich die schwereren X-Samen auf dem Boden des Reagenzglases ab, während sich die leichteren Y-Samen an der Oberfläche ansammeln.

Nun ist es ja schon eine uralte Tradition der Menschheit, insbesondere bei Herrscherhäusern, daß männlichen Nachkommen der Vorzug gegeben wird. Aus diesem Grunde waren junge Königinnen immer schon im Zugzwang, einen Prinzen auf die Welt bringen zu müssen. Daß so etwas heute noch ein Problem ist, zeigt ja die Ehegeschichte des Schahs von Persien.

Diese modernen Erkenntnisse hat nun Professor Selhus dazu benutzt, ein altes, bisher ungelöstes Rätsel der Archäologie einleuchtend zu klären. In seinem Buch zeigt er auf Seite 73 die Zeichnung einer Inka-Prinzessin. Er schreibt dazu: »Die Inka-Gemahlin (Coya) trägt die Samenschleuder in der rechten Hand. Wegen des Zwangs, einen Thronfolger zu gebären, war sie auf diese Chromosomen-Trennanlage angewiesen.« In dem entsprechenden Text macht sich Professor Selhus mit Recht über die Phantasielosigkeit der Facharchäologen lustig, die für dieses doch so deutliche Bild immer eine sehr naive

Deutung gefunden haben. Die Chromosomen-Trennanlage, welche Prinzessin Coya in der Hand hält, hatten sie nämlich immer für eine Tasche gehalten, in der sie Lippenstift und Parfum aufbewahrt hat. Man sieht wieder einmal: typisch die bezopften Wissenschaftler!
Das Buch von Professor Selhus ist nun voll von solchen entzückenden Beispielen, die die Denkweise von Däniken mit einer sehr feinen Ironie bloßlegen. Natürlich hat das Buch von Professor Selhus mit Abstand nicht die Verbreitung, mit der Herr von Däniken mit jedem neuen Buch, das er schreibt, aufwarten kann. Das ist auch verständlich. Zum einen ist Professor Selhus lange nicht so berühmt wie Erich von Däniken, zum andern kann jeder Leser den doch so klaren Ausführungen Dänikens folgen; um die köstliche Ironie, mit der Professor Selhus sein Buch geschrieben hat, auszukosten, muß man leider etwas von der Archäologie, der Physik und der Biologie verstehen.
Nun aber komme ich zu einem ernsten Problem, das Sie auch in Ihrem Brief angeschnitten haben. Es bezieht sich auf das Verhältnis der Wissenschaft zum Laientum. Auf diesem Gebiet haben wir Wissenschaftler uns bestimmt einiges vorzuwerfen.
Viele Laien, die ihrer Meinung nach eine wichtige und entscheidende Entdeckung gemacht haben, verweisen immer gern auf den klassischen Fall von Galilei. Im Jahre 1609 nämlich hat Galilei als erster Mensch ein Fernrohr in den Himmel gerichtet und dabei innerhalb weniger Wochen einen ganzen Strauß von sensationellen Entdekkungen gemacht. Er entdeckte die Sonnenflecke und die Krater auf dem Mond; er hat als erster gesehen, daß der Planet Venus zu bestimmten Zeiten, ähnlich wie der Mond, sichelförmig erscheint; vor allem aber hat er die vier großen Monde des Planeten Jupiter entdeckt und in ihnen ein kleines Abbild des Planetensystems gesehen. Man muß die Einstellung der damals wirklich bezopften Wissenschaftler kennen, um zu verstehen, daß ihnen diese neuen Entdekkungen überhaupt nicht ins Konzept paßten. Das Establishment wurde herausgefordert. Daraufhin hat Galilei sein Fernrohr auf einem öffentlichen Marktplatz aufgestellt und die Zweifler aufgefordert, sich mit ihrem eigenen Augenschein von der Richtigkeit seiner Entdeckungen zu überzeugen. Die wirklichen Fachidioten von damals haben sich geweigert, durch Galileis Fernrohr zu blicken. Vielleicht ist darin auch ein Grund zu suchen, weshalb Galilei bei allen Laienerfindern so beliebt ist.
Von den Vertretern der Inquisition, die Galilei wegen des Verdachts

Dem italienischen Physiker und Astronomen Galilei gelang es nicht, seine ungläubigen Kollegen zu einem Blick durch sein Fernrohr zu bewegen, um ihnen seine Entdeckungen zu beweisen. In ihrem Hochmut hatten sie vorher schon beschlossen, daß er unrecht haben müsse – den Beweis könne man sich daher als etablierter Gelehrter ersparen. – Von den Vertretern der Inquisition war zwar der eine oder andere kirchliche Würdenträger bereit, durch das Fernrohr zu schauen, aber letztlich lehnten sie in ihrer »Gläubigkeit« Galileis Entdeckungen ungläubig ab.

der Ketzerei vorgeladen hatten, war zwar der eine oder andere bereit, durch das Fernrohr zu schauen (siehe Abbildung oben), doch letztlich waren diese Herren zu »verblendet«, um die Genialität eines Galilei zu erkennen. Doch abschließend noch ein Wort zum Hochmut mancher Akademiker.

Akademiker, die auf ihre Titel großen Wert legen und mit einem gewissen Hochmut auf Laien herabblicken, hat es immer schon gegeben, und es wird sie auch immer geben. Das liegt einfach in der menschlichen Natur. Dabei allerdings wird vielfach vergessen, daß viele Entdeckungen und Erfindungen, welche den Lauf der Wissenschaft und Technik entscheidend geändert haben, wirklich von Laien gemacht worden sind. Es würde keinem Wissenschaftler heute einfallen, diesen Laien die gebührende Achtung zu versagen und ihre Leistungen abzuwerten, weil sie nicht studiert hatten. Dafür möchte ich Ihnen nur zwei Beispiele nennen.

Ende des 17. Jahrhunderts hat ein Holländer namens Anton van Leeuwenhoek das Mikroskop erfunden. Mit den Linsen, die unter seiner Hobbyarbeit entstanden, hat er dann »gespielt« und dabei wohl rein zufällig das Mikroskop erfunden – oder besser gesagt »gefunden«. Dann hat er sich als Laie auf das Gebiet der Biologie und Medizin vorgewagt, und von ihm stammen sehr bemerkenswerte Berichte über kleinste Lebewesen, die er in jedem Wassertropfen fand. Da er biologischer Laie war, hat ihm das Establishment diese sensationellen Entdeckungen nicht abgenommen und als Augenspiegeleien verworfen. Heute können wir sagen, daß das Mikroskop zu den wichtigsten wissenschaftlichen Instrumenten gehört. Die Erfinder des Motorfluges waren zwei Fahrradmechaniker: Die Amerikaner Wilbur und Orville Wright. Obwohl sie auf dem Gebiet der Physik und der Aerodynamik echte Laien waren, haben sie dennoch einen hervorragenden Platz in der Geschichte der Technik als die Erfinder des motorisierten Flugzeugs.

Auf der anderen Seite jedoch haben wir Wissenschaftler mit Erfindern und Entdeckern, welche ihre Lieblingsideen fanatisch vertreten, auch schon bittere Erfahrungen gemacht. Solche kritiklosen und engstirnigen Laien können einem Fachmann oft wirklich auf die Nerven gehen. Worin jedoch – so werden Sie mich jetzt fragen – besteht eigentlich der Unterschied zwischen einem Wissenschaftler und einem Laien? Ganz bestimmt nicht darin, daß die Wissenschaftler im Gegensatz zu den Laien studiert haben.

Nun hatte ich Ihnen ja zuvor von meiner persönlichen Begegnung mit Erich von Däniken erzählt, und er hat sich dabei eindeutig als ein Laie qualifiziert. Ich habe Ihnen ja geschildert, daß er die Serviette mit meinen Rechnungen vom Mondumlauf liegengelassen hat. Ich halte Erich von Däniken für so klug und belesen, daß er diesen Einwand schon kannte. Könnte er nun echt wissenschaftlich denken, dann hätten ihn diese Rechnungen überzeugt, daß er in dem Punkt einfach unrecht hat. Nun will ich ihm durchaus zugestehen, daß er all das, was ich ihm erzählt habe, schon wußte. Dann allerdings hätte er in seinen zukünftigen Veröffentlichungen zugeben müssen: Hier irrt Erich von Däniken. Das nämlich sind die Spielregeln, die in der Wissenschaft gelten, und wer sie nicht achtet, gehört eben nicht zu dieser Zunft. Nein – er benutzt dieses Argument mit den Sumerern immer noch lustig weiter. Das kann er auch ungestraft tun, denn unter seinen Millionen Lesern gibt es nur wenige, die seinen Irrtum sofort durchschauen können.

So haben in der langen Geschichte der Wissenschaft viele Gelehrte oft völlig falschen Ideen nachgehangen und sie zeit ihres Lebens heftig verteidigt. Nicht umsonst sind ja gerade Gelehrte dafür bekannt, daß sie so großartig miteinander streiten können. Ganz im Gegensatz zu der gängigen Meinung ist ein echter Wissenschaftler aber auch bereit, seinen Irrtum zuzugeben, wenn ihm eindeutige Gegenbeweise auf den Tisch gelegt werden. So habe ich mir schon öfter überlegt, was wohl der große griechische Astronom Ptolemäus (der 200 Jahre nach unserer Zeitrechnung lebte) zu dem berühmten Buch seines späteren Kollegen Kopernikus aus dem Jahre 1566 gesagt hätte. Ptolemäus hat nämlich mit großem Scharfsinn die These vertreten, daß die Erde in der Mitte unseres Planetensystems stünde. Das System, das er entwickelt hat, war so genial und erklärte die Bewegungen der Planeten am Himmel so sauber, daß die Fachleute 1300 Jahre lang von seiner Richtigkeit überzeugt waren. Das Kopernikanische System mit der Sonne als Zentrum des Planetensystems wäre für Ptolemäus bestimmt ein Schock gewesen. Umgekehrt jedoch habe ich vor dem genialen Astronomen Ptolemäus einen sehr großen Respekt, und ich bin überzeugt, daß er seinen Irrtum – zwar nicht ganz ohne Neid und Bedauern – eingestanden und Kopernikus recht gegeben hätte.

Zum Schluß haben Sie mir in Ihrem Brief noch geschrieben, daß an den Ideen des Herrn von Däniken doch etwas dran sein müsse, weil er in der ganzen Welt einen so phänomenalen Erfolg hat. Darüber sollten wir Wissenschaftler, wie ich Ihnen am Anfang schon schrieb – wirklich einmal nachdenken. Vielleicht läßt sich das aus der geistigen Situation der heutigen Weltöffentlichkeit verstehen. Die gewaltigen Erfolge der Wissenschaft und der Technik, von der Atombombe bis zum Penicillin, vom Weltraumflug bis zum Fernseher, von Kernkraftwerken bis zur Organverpflanzung, haben die Weltöffentlichkeit während weniger Jahrzehnte völlig überrumpelt. Man traut diesen modernen Hexenmeistern der Wissenschaft und der Technik so ziemlich alles zu. Gleichzeitig aber auch wächst das Mißtrauen. Gewiß, jeder Mensch begrüßt es, wenn ihm durch die Erfindung der Anästhesie ein Zahn völlig schmerzlos gezogen werden kann und wenn ein Herzschrittmacher sein Leben verlängert. Das hilft aber überhaupt nichts gegen seine Ängste gegenüber der Neutronenbombe oder der drohenden Zerstörung unserer Umwelt, die ja auch aus derselben Hexenküche stammen. Diese Zwiespältigkeit verwirrt den modernen Menschen. Auch sind all diese Dinge so kompliziert, daß man sie nur mit erheblichen Vorkenntnissen verstehen kann. Die Menschheit hat heute daher einen beträchtlichen Nachholbedarf an verständlichen Deutungen der Natur. Es macht dabei gar nichts aus, wenn solche Deutungen etwas mystisch sind. Ja, es ist sogar so, daß die Menschen in ihrem naiven Glauben an der Religion irre geworden sind und dafür dringend Ersatz brauchen. Auf der anderen Seite sind sie ja alle moderne Menschen, und eine Art von Religion, die ein wissenschaftliches Mäntelchen trägt, wäre ihnen eigentlich am liebsten. Erich von Däniken sitzt nun genau auf dieser Stelle. Mit seiner strahlenden Begeisterung hat er durchaus etwas von einem Religionsstifter, von einem Missionar, der die Patentlösung in der Tasche hat. Er ist auch schon oft daraufhin angesprochen worden, aber er lehnt diese Deutung seines Erfolgs ab.

Übrigens ist es sehr interessant, daß Erich von Däniken überhaupt nicht der Erfinder dieser Idee ist. Schon vor ihm hat der Franzose Charron ein Buch geschrieben, in dem auch er viele ungelöste Rätsel der Menschheitsgeschichte dadurch erklärte, daß intelligente Wesen aus dem Weltall mit ihrem überlegenen Wissen eingegriffen und die Geschicke der Menschheit gelenkt hätten. Den Namen Charron hört Erich von Däniken nicht so gern, obwohl er nach den Spielregeln der wissenschaftlichen Zunft den eigentlichen Urheber seiner Hypothese immer an den Anfang stellen müßte. Der Unterschied zwischen dem ersten Buch von Charron und den überaus erfolgreichen Büchern von Erich von Däniken liegt einfach am Autor.

Erich von Däniken ist ein brillanter Erzähler. Wenn er seine berühmten Fangfragen stellt, spricht er allen seinen Lesern aus dem Herzen. Jeder sagt sich bei der Lektüre: »Es stimmt ja, darüber habe ich mich

auch schon immer gewundert.« Und dann kommt Herr von Däniken mit seiner bestechenden Lösung, die jeden psychologisch so geschickt vorbereiteten Leser einfach fasziniert. Erich von Däniken hat das unbestreitbare Geschick, seine Leser in Spannung zu halten. Und mit dem Handwerkszeug eines geübten Dramaturgen bringt er dann die Lösung. So etwas ist natürlich unwiderstehlich. Das Phänomen Däniken hat auch viele Psychologen und Soziologen herausgefordert. Auch sie sehen Erich von Däniken in etwa in diesem Licht.
Auch hatten Sie in Ihrem Brief die Andeutung gemacht, daß wir Wissenschaftler auf Erich von Däniken böse seien, weil er als Laie Lösungen gefunden habe, die uns entgangen seien. Ich kann gut verstehen, daß Sie zu einem solchen Schluß gekommen sind. In seinen Büchern läßt er ja immer unterschwellig mitklingen, daß er von der »bezopften« Wissenschaft nicht viel hält. Als ich ihm persönlich begegnete, war ich eigentlich nicht echt böse auf ihn, und ich habe in ihm wirklich keinen Gegner gesehen. Zusammen mit meinen Kollegen bin ich jedoch etwas ärgerlich darüber, daß er uns in vielen Punkten die Fähigkeit zum logischen Denken abspricht. Das möchte ich Ihnen an meinem Beispiel mit der Umlaufzeit des Mondes noch einmal genauer beschreiben. In seinem Buch hat sich Erich von Däniken so ausgedrückt, als habe er durch seine Forschungen die Entdeckung gemacht, daß die Sumerer die Umlaufzeit des Mondes schon sehr genau wußten. Er sagt das nicht direkt – das kann man ihm nicht unterstellen. Er wirft uns aber vor, daß wir gar nicht erkannt hätten, wie erstaunlich diese Tatsache ist. Er allein jedoch ist berufen, darauf aufmerksam zu machen. Seine zweite Unterstellung geht dann wirklich etwas zu weit. Er läßt seine Leser nämlich wissen, daß wir, die Wissenschaftler, dafür keine Erklärungen hätten, die er nun mit seiner Patentlösung anbietet. Auch diese Unterstellung ist natürlich falsch. Die Methode, mit der die Sumerer die Umlaufzeit des Mondes so genau bestimmen konnten, ist den Astronomen schon seit mehr als hundert Jahren bekannt.
Auf der anderen Seite ist es sehr erfreulich, daß Erich von Däniken mit seiner Hypothese eigentlich überhaupt gar keinen Schaden anrichtet – ganz im Gegenteil zu Ignoranten, die die Öffentlichkeit mit unausgegorenen Thesen verwirren. Er hat ein tief verwurzeltes Bedürfnis vieler Menschen, die die Welt, in der sie leben, begreifen wollen, erfüllt. Das soll ihm unbenommen sein. Andererseits ist das Phänomen Däniken bestimmt aber auch eine Modeerscheinung. Ich

erinnere mich noch gut an die zwanziger Jahre, als ebenfalls ein Laie die Weltöffentlichkeit mit einer fundamentalen Neuerkenntnis beglückte. Das war der Begründer der sogenannten »Hohlwelttheorie«. Mit einem unglaublichen Fanatismus und mit noch viel schlimmeren Beschimpfungen der bezopften Wissenschaftler hat dieser Mann geltend gemacht, daß wir in Wirklichkeit auf der Innenfläche einer Hohlkugel leben und daß das gesamte Universum nur einen Durchmesser von 12 1/2 tausend Kilometer hätte. Alles, was wir im Weltraum beobachten, sei nur die Folge von trügerischen Lichtbrechungen. Nach dieser Idee griffen auch viele Menschen begeistert, denn sie waren von der Angst und der Unheimlichkeit des unvorstellbaren Weltenraumes befreit. Heute, nachdem wir erfolgreich auf dem Mond gelandet sind, redet kein Mensch mehr von diesem Wirrkopf.
Zum Schluß noch eine Überlegung, die eigentlich allen begeisterten Lesern der Bücher Herrn von Dänikens zu denken geben sollte. Er macht sich anheischig, in Relikten aus der Vorgeschichte der Menschheit Beweise für sehr fortgeschrittene Erkenntnisse auf dem Gebiet der Wissenschaft und der Technik gefunden zu haben, die in die geschichtlichen Vorzeiten überhaupt nicht hineinpassen. Auffallend dabei jedoch ist, daß alle diese vermeintlichen Beweise nur solche Techniken betreffen, wie sie just dem heutigen Stand des Wissens entsprechen. Ich warte schon seit langem darauf, daß Herr von Däniken Hinweise darauf findet, wie die Technik und die Wissenschaft in etwa zwei – bis dreihundert Jahren aussehen werden. Es erscheint mir höchst verdächtig, daß die berühmten allwissenden Besucher aus dem Weltall gerade so viel gewußt haben, wie es dem heutigen Stand des Wissens entspricht.
Nun haben Sie in Ihrem Brief ja geschrieben, daß Ihnen die Erklärungen Erich von Dänikens für zahllose Rätsel so »einleuchtend« seien. Sehen Sie, hier hat es Erich von Däniken sehr viel leichter als wir Wissenschaftler. Seine Patentlösungen sind in einem Satz zu erklären und auch sofort verständlich. Wir als Wissenschaftler hingegen müssen bei unseren Erklärungen immer ziemlich weit ausholen. Es ist für uns sehr viel schwerer, populär zu schreiben. Das soll uns allerdings nicht daran hindern, unsere eigenen großartigen Geschichten so zu erzählen, daß man sie verstehen kann. So war es für die Menschheit Tausende von Jahren lang »einleuchtend«, daß die Erde eine Scheibe ist. Davon kann sich jeder ja, wenn er nur ins Freie tritt, mit seinen eigenen Augen überzeugen. Columbus, Galilei und Koperni-

kus könnten bestimmt ein Lied davon singen, wie schwer es war, die Weltöffentlichkeit von der Kugelgestalt der Erde zu überzeugen. Dennoch glaube ich, daß auch Sie nicht daran zweifeln, daß wir auf der Oberfläche einer Kugel leben und nicht auf einer Scheibe, so sehr Ihnen diese einfache Lösung »einleuchtet«.
Beim Phänomen Erich von Däniken muß ich an Christian Morgenstern denken. In seinen »Galgenliedern« hat er ja viele reizende Reime über die beiden Käuze Palmström und Dr. von Korf »geschmiedet«. In einem seiner Gedichte schrieb er über die beiden:

> So beschließen beide denn
> nach so manchem Doch und Wenn
>
> sich mit ihren Theorien
> vor die Wissenschaft zu knien.
>
> Doch die Wissenschaft, man weiß es,
> achtet nicht des Laienfleißes.
>
> Hier auch schürzt sie nur den Mund,
> murmelt von »Phantasmen« und
>
> beugt sich wieder dann auf ihre
> wichtigen Spezialpapiere.
>
> »Komm«, spricht Palmström, »Kamerad,
> alles Feinste bleibt – privat!«

Diese letzte Bemerkung von Palmström kann Erich von Däniken gewiß nicht in Anspruch nehmen. Bei seiner Millionenauflage ist sein »Feinstes« bestimmt nicht privat, wohl aber die feine Ironie von Professor Selhus, von dessen Buch ich Ihnen ja erzählte.
Mit den besten Grüßen

Ihr

Heinz Haber

10

Sehr geehrter Herr Professor Haber!

Es ist doch schon seit vielen Jahren die Rede davon, daß intelligente Wesen von fremden Sternen die Erde besucht haben und auch heute noch besuchen. Der Schweizer Schriftsteller Erich von Däniken hat doch mit dieser Behauptung in seinen Büchern einen ganz großen Welterfolg gehabt. Seiner Meinung nach nämlich sollen vor Tausenden von Jahren, das heißt noch in biblischer Zeit, solche intelligente Menschen von anderen Welten auf der Erde gelandet sein. Auch gibt es viele Leute, die an »fliegende Untertassen« glauben, deren Insassen ja auch von fremden Planeten stammen sollen. Nun haben die letzten Forschungsergebnisse der Weltraumfahrt gezeigt, daß der Mond, die Planeten Merkur, Venus und Mars bestimmt kein Leben tragen. Auch die anderen Planeten unseres Sonnensystems, wie Jupiter, Saturn, Uranus und die anderen sind doch bestimmt für Lebensvorgänge viel zu kalt. Das weiß auch Herr von Däniken, und das wissen auch alle diejenigen, die an die fliegenden Untertassen glauben. Diese Leute sagen dann einfach, daß diese fremden Wesen aus der Milchstraße kommen. Nun weiß ich, daß auch die nächsten Nachbarn der Sonne, die nächsten Fixsterne, viele Lichtjahre von uns entfernt sind, und ich frage mich, wie können denn diese Wesen diese großen Entfernungen überbrücken. Selbst wenn sie mit der riesigen Geschwindigkeit des Lichtes fliegen würden, würden sie doch viele Jahre benötigen. An dieser Stelle wird mir dann immer gesagt, daß man bei Reisen mit Lichtgeschwindigkeit eigentlich gar nicht so lange Zeiten braucht. Das würde doch eigentlich heißen, daß man tatsächlich Zeitreisen durchführen könnte. Auch darüber habe ich

in Zukunftsromanen gelesen, in denen Menschen vergangene Jahrhunderte besuchten, indem sie eine Zeitreise in die Vergangenheit durchführten. Auch kenne ich den schönen Roman des berühmten englischen Schriftstellers Wells »Die Zeitmaschine«. Hat nun Einstein eine Zeitmaschine erfunden, oder wie steht es damit überhaupt?
Über eine Antwort zu diesen Fragen würde ich mich sehr freuen.

Mir herzlichem Gruß

Ihr

Jürgen J.

Reisen in die Zukunft mit Albert Einstein

Sehr geehrter Herr J.!

Mit Ihrem Brief, für den ich Ihnen sehr danke, haben Sie gleich ein ganzes Bündel von Fragen angepackt, die ich Ihnen schlecht in der Reihenfolge beantworten kann, wie Sie sie gestellt haben. Alle diese Fragen hängen natürlich miteinander zusammen. Vielleicht kann ich aber Ihre Fragen am besten erörtern, wenn ich erstmal über die Zeit rede, dann über die berühmte »Zeitmaschine« und zum Schluß über die Relativitätstheorie von Einstein, welche über die Zeitdauer von Weltraumreisen über riesige Entfernungen Auskunft geben kann.
Vor einigen Jahren habe ich ein kleines Buch mit dem Titel »Gefangen in Raum und Zeit« veröffentlicht. Vielleicht darf ich es mir einfach machen und Ihnen aus diesem Buch ein paar Zeilen zitieren. Dort habe ich nämlich etwas über das Wesen der Zeit gesagt, was auch hierher gehört.
»Wir Menschen leben in der Zeit. Was ist eigentlich die Zeit? Über das Wesen der Zeit haben sich Philosophen von Aristoteles bis Kant und Naturforscher von Newton bis Einstein ihre Gedanken gemacht. Das Ergebnis dieser jahrtausendelangen Bemühungen, das Wesen der Zeit zu deuten, ist eigentlich recht bescheiden. Im Rahmen seiner Relativitätstheorie hat Einstein eine schlichte Definition der Zeit gegeben. Nach ihm gibt uns die Zeit einen Maßstab, in dem wir die Ereignisse vor- und hintereinander anordnen können. Auch hat Einstein einmal gesagt, als man ihn nach dem Wesen der Zeit gefragt hat, ›Zeit ist das, was man an der Uhr abliest‹. Aber so klug ist das eigentlich auch nicht, wenn man bedenkt, daß wir das ja alle wissen. Der schönste Ausspruch über die Zeit stammt wohl von dem Kirchenvater Augustinus. Er sagte: ›Was aber ist die Zeit? Werde ich danach ge-

Albert Einstein sagte einmal: »Zeit ist das, was man an der Uhr abliest.«

fragt, so weiß ich es. Will ich es aber dem Frager erklären, so weiß ich es nicht.‹
Wir müssen uns allerdings im klaren darüber sein, daß es den Physiologen bisher noch nicht gelungen ist, in unserem Körper einen echten Zeitsinn zu entdecken. Für ein Sinnesorgan im klassischen Sinne bedarf es ja anatomisch feststellbarer Empfangsorgane im Körper, die auf einen äußeren Reiz reagieren, dementsprechend nervöse Impulse in das Gehirn leiten, um uns dabei eine ganz bestimmte Modalität ins Bewußtsein zu bringen. Wir haben in unserem Körper kein solch anatomisch nachweisbares Organ, das etwa den Ablauf der Zeit mißt und uns durch nervöse Impulse im Gehirn zum Bewußtsein bringt. Das ist ja auch nach der chemisch-physikalischen Struktur der Körper von Lebewesen gar nicht vorstellbar. Wie soll sich denn die Zeit physikalisch oder chemisch bemerkbar machen, es sei denn durch das regelmäßige Ticken einer Uhr?
Dennoch gibt es so etwas wie einen Zeitsinn, obwohl wir damit den Rahmen für die Beschreibung eines Körpersinns sprengen. Wir haben ein deutliches Gefühl dafür, wann vier oder sechs Stunden vergangen sind. Einfach deshalb, weil wir dann für die nächste Mahlzeit wieder Appetit haben. Die Vorgänge der Verdauung und die Zeitrate, mit der wir mit unseren körperlichen Funktionen Energie verbrauchen, laufen etwa in diesem Rhythmus ab.«
So teilen wir alle dennoch eine bestimmte Empfindung über das Wesen der Zeit. Ihrem Wesen nach läuft die Zeit gleichförmig fort aus der Vergangenheit über die eigentlich unendlich kurze Gegenwart – dem Moment jetzt – in die Zukunft hinein. Das vielleicht hervorste-

chendste Merkmal der Zeit ist, daß sie nur in dieser Richtung läuft. Die Physik arbeitet sehr viel mit dem Begriff der Zeit. Auch dort wird der Pfeil der Zeit berücksichtigt, in dem ihr Maß dauernd zunimmt. Laut Einstein können wir das an jeder Uhr ablesen.

In der hochidealisierten theoretischen Physik – vor allem in der Mechanik – gelten alle Gleichungen und alle Beschreibungen für die Bewegungsvorgänge, auch wenn man den Pfeil der Zeit umkehrt. Man muß dann in diesen Gleichungen an allen Stellen die Zeit »t« mit einem Minuszeichen versehen. Nehmen wir einmal ein idealisiertes Billardspiel. Wenn zwei Bälle aneinanderstoßen, so können wir dieses Ereignis mit den sogenannten Stoßgesetzen beschreiben. Einen solchen Vorgang können wir in Gedanken in der Zeit auch rückwärts laufen lassen. Dann passiert spiegelbildlich genau dasselbe. So etwas kennen Sie ja von einem Film, den man rückwärts laufen läßt. Wenn man dabei den stoßenden Billardstock herausschneidet, könnte man überhaupt nicht unterscheiden, ob der Film vorwärts oder rückwärts läuft.

Es ist nun typisch, daß für alle mechanisch ideal ablaufenden Fälle der Pfeil der Zeit eigentlich umkehrbar ist. Die Planeten und der Mond in unserem Sonnensystem bewegen sich in praktisch luftleerem Raum, so daß sie praktisch gar keine Reibung erfahren. Wenn man nun die Planeten und Monde in unserem Sonnensystem in einem Film aufnähme und ließe diesen Film rückwärts laufen, dann würden mit Sicherheit alle physikalischen Gesetze noch stimmen. Das ist ja auch der Grund, weshalb wir bestimmte Stellungen der Himmelskörper zueinander nicht nur in die Zukunft hinein vorausberechnen, sondern auch in die Vergangenheit zurückrechnen können. So gibt es mehrere größere Rechenwerke, welche den Eintritt totaler Sonnenfinsternisse ein paar tausend Jahre in die Zukunft, aber auch ein paar tausend Jahre in die Vergangenheit zurück verzeichnen. Erst seit knapp hundert Jahren kennen wir die Himmelsmechanik genau genug, um solche Rechnungen verläßlich durchführen zu können. Das hat dazu geführt, daß man beispielsweise bestimmte Daten in der Menschheitsgeschichte rückwärts rechnend auf den Tag genau bestimmen konnte. So berichtet der bekannte griechische Philosoph Thales von Milet von einer totalen Sonnenfinsternis in Griechenland, die sich im Jahre 585 vor unserer Zeitrechnung ereignet hat. Unsere modernen Astronomen haben dann ausgerechnet, daß diese Finsternis sich am 28. Mai dieses Jahres ereignet haben muß.

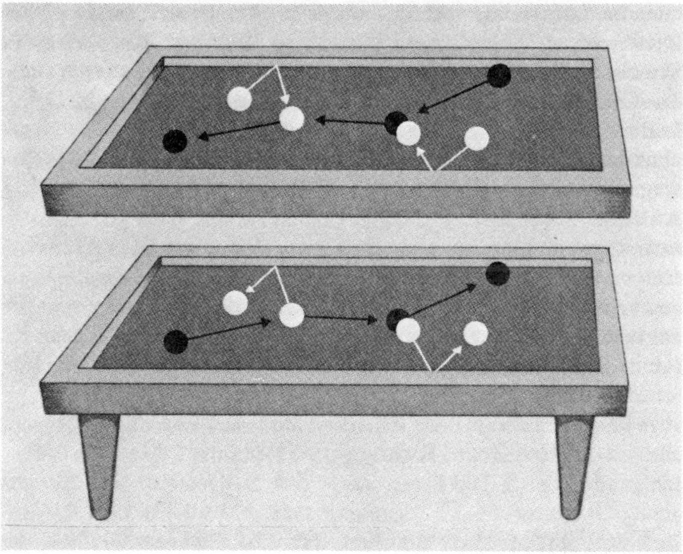

Ideale Stoßvorgänge, wie sie bei Billardkugeln fast verwirklicht sind, lassen sich zeitlich umkehren. Der Lauf von Billardkugeln könnte daher mit fast dem gleichen Ablauf zeitlich rückwärts vor sich gehen.

Bei diesen Rechenkunststücken können wir allerdings den Pfeil der Zeit nur deshalb umdrehen, weil das Sonnensystem einen praktisch reibungslosen Bewegungsvorgang darstellt. In unserem täglichen Leben jedoch ist das völlig anders.
Gehen wir dazu noch einmal zu einem Film zurück, den wir rückwärts laufen lassen. Diesmal allerdings wollen wir nicht mit Planeten oder Billardbällen spielen. Nein – diesmal filmen wir eine Szene aus dem täglichen Leben: ein Mann, der ein frisch ausgeschenktes Glas Bier mit einer schönen Blume austrinkt und anschließend das Glas auf dem Boden zerschmettert. Wenn wir diesen Film rückwärts laufen lassen, ist die Szenenfolge so komisch, daß wir wirklich darüber lachen müssen. Die tausend Splitter, in die das Glas auf dem Fußboden auseinandersprang, fügen sich plötzlich nahtlos zu dem Glas zusam-

men, das Glas springt in die Hand des Trinkers zurück, der es an den Mund nimmt. Anschließend kommt das Bier aus dem Mund des Mannes heraus, füllt das Glas, und wie von Zauberhand entsteht wieder eine tadellose Blume. Diese Szenenfolge ist deswegen so lustig, weil sie nämlich unmöglich ist. So etwas ereignet sich in der Natur überhaupt nicht. Das liegt natürlich daran, daß man den Pfeil der Zeit eben nicht umkehren kann.

An dieser Stelle möchte ich noch einmal auf das Wort von Einstein zurückkommen, der ja von der Zeit gesagt hat, daß man in ihr die Ereignisse vor- oder nacheinander anordnen kann. So brauchen wir gar nicht darüber zu streiten, welches Ereignis das spätere war, nämlich das in tausend Stücke zersprungene Glas oder die schöne Blume des Bieres. Das Ereignis, als das Glas zersprang, muß ganz eindeutig später eingetreten sein.

Hier könnte ich Ihnen noch seitenlang ähnliche Beispiele bringen, die alle mit der eindeutigen Richtung des Pfeiles der Zeit zu tun haben. Ich glaube jedoch, daß Ihnen dieses eine Beispiel mit dem Bierglas genügt. Auch möchte ich Ihnen jetzt nicht sehr umständlich physikalisch und philosophisch beweisen, daß eine Umkehr der Zeit, das heißt also eine Reise in die Vergangenheit physikalisch nicht möglich ist. So wie wir das Wesen der Natur begreifen, lassen sich eben geschehene Dinge nicht ungeschehen machen. Selbst eine Zeitreise zurück in die Vergangenheit von nur wenigen Sekunden müßte ja dann zur Folge haben, daß das in tausend Stücke zerbrochene Bierglas wieder unversehrt auf dem Tisch steht. Aus diesem Grunde bleiben alle Zeitreisen in die Vergangenheit – so ungemein reizvoll sie auch sind – der Laune phantasievoller Schriftsteller überlassen.

Eines jedoch will ich noch erwähnen. Reisen in die Vergangenheit nämlich führen zu unauflösbaren logischen Widersprüchen. Nehmen wir einmal an, ich würde 80 Jahre in die Vergangenheit zurückreisen. Dort würde ich meinem Vater begegnen, der damals noch ein Kleinkind war. Ich würde dann mit diesem Kind schwimmen gehen und ich könnte nicht verhindern, daß dieses Kind ertrinkt. Auch wenn ich das nicht gewollt hätte, so wäre doch mein Eingriff in das Leben meines Vaters als Kind die Ursache dafür gewesen, daß er bereits mit vier Jahren ertrunken wäre. Wie hätte er dann mein Vater werden können? Sie sehen, dieser logische Widerspruch ist völlig unauflösbar.

Wie aber steht es mit Reisen in die Zukunft? Auch das scheint völlig unmöglich zu sein. Wir haben ja ein natürliches Empfinden für eine bestimmte Eigenschaft der Zeit, daß das »jetzt« für das ganze Universum Geltung haben muß. Das heißt also, daß alle Ereignisse im ganzen Universum, die sich *jetzt* ereignen, nach ihrer Definition wirklich gleichzeitig sind. Diese Einsicht ist so fundamental, daß sie ein wichtiger Bestandteil der klassischen Physik geworden ist und auch in den Schriften unserer großen Philosophen, wie beispielsweise Imanuel Kant, nachzulesen sind. Es war nun der große deutsche Physiker Albert Einstein, der mit seiner berühmten Relativitätstheorie gerade diesen so einleuchtenden Begriff der Gleichzeitigkeit umstürzte. Das ist einer der vielen Gründe, weshalb die Relativitätstheorie dieses berühmten Physikers so schwer zu begreifen ist, weil sie eben in vielen Punkten unserem sogenannten gesunden Menschenverstand ins Gesicht schlägt. Ich brauche Ihnen nicht zu erzählen, daß praktisch alle Schlüsse, die Einstein über das Wesen der Natur aus dieser Theorie abgeleitet hat, richtig sind. Das war wirklich eine echte Zeitenwende in der Geistesgeschichte der Menschheit. Zum ersten Mal mußten die Forscher lernen, daß Naturgesetze unbestreitbar Gültigkeit haben, auch wenn sie sich unserer Vorstellungskraft über das Wesen in Raum und Zeit völlig entziehen. Die Physiker selber haben sich nach den ersten Veröffentlichungen der Relativitätstheorie ein gutes Jahrzehnt heftig darüber gestritten. Auch namhafte Physiker – wie beispielsweise der deutsche Nobelpreisträger Philipp Lenard – haben die Gültigkeit der Relativitätstheorie immer wieder energisch bestritten.

Nun will ich Ihnen hier kein Lehrbuch der theoretischen Physik schreiben, und ich muß Sie bitten, mir das nun Folgende zu glauben. Schon vor der Entwicklung der modernen Atomkernphysik sind die Thesen der Relativitätstheorie durch astronomische Beobachtungen als richtig nachgewiesen worden. Dabei jedoch handelte es sich immer um sehr diffizile Messungen, bei denen die Unterschiede zwischen der klassischen Physik von Isaac Newton und der Relativitätsphysik von Albert Einstein nur mit Messungen von äußerster Präzision unterscheidbar waren. Da konnte man immer noch sagen, daß das vielleicht doch Meßfehler gewesen seien. In der Atomkernphysik gibt es jedoch so handfeste Beweise für die Richtigkeit der Relativitätstheorie wie etwa die Atombombe. Mehr kann man wirklich nicht verlangen – meinen Sie nicht auch?

Nun aber zurück zum Wesen der Zeit und zu einer ihrer merkwürdigen Eigenschaften, die durch die Relativitätstheorie untermauert

Anläßlich der totalen Sonnenfinsternis vom 9. Mai 1929 konnten drei Potsdamer Astronomen die Relativitätstheorie von Einstein beweisen. Einstein hatte eine Ablenkung des Lichtes von Fixsternen bei dessen nahem Vorbeiflug an der Sonne vorausgesagt.

wird. Nach der klassischen Vorstellung ist nämlich die Geschwindigkeit, mit der die Zeit abläuft, überall im Universum und auf allen Planeten dieselbe. Und das nun ist gerade nicht der Fall. Die Schnelligkeit nämlich, mit der die Zeit abläuft, hängt ganz davon ab, mit welcher Geschwindigkeit ein Körper, wie beispielsweise eine Uhr – sich bewegt, und zwar relativ zu einem anderen Körper. Deswegen hat ja Einstein seine Theorie auch Relativitätstheorie genannt.
Das klingt jetzt alles etwas merkwürdig. Nehmen wir einmal an, daß zwei Stoppuhren nebeneinander auf dem Tisch liegen. Dann wollen wir eine Stoppuhr in Gedanken in das Weltall schießen und sie mit 90% der Lichtgeschwindigkeit auf die Reise zum Saturn schicken. Vor Beginn der Reise haben wir beide Stoppuhren zur gleichen Zeit

anlaufen lassen. Wenn unsere Stoppuhr zu Hause dann genau 1 Stunde gelaufen ist, wollen wir wissen, was die auf der Reise befindliche Stoppuhr anzeigt. Wir wollen dabei annehmen, daß es uns gelänge, den Stand dieser Uhr auch über die bis dahin sehr groß gewordene Entfernung hin momentan ablesen zu können. Dann nämlich würden wir feststellen, daß diese Uhr nicht den Ablauf einer Stunde anzeigt, sondern sie steht erst auf 26 Minuten und 9,6 Sekunden. Das heißt also, daß in dieser schnell bewegten Uhr die Zeit etwas weniger als halb so schnell abgelaufen ist. Bei uns auf der Erde jedoch ist in der Zwischenzeit eine ganze Stunde vergangen.

So, jetzt wollen wir die Uhr wieder zurückholen und sie in Gedanken wieder mit 90% der Lichtgeschwindigkeit zurückfliegen lassen. Dann dauert es für »unsere Zeit« auf der Erde wieder eine Stunde, bis die Uhr von ihrer abenteuerlichen Reise zurückgekehrt ist. In dem Moment, wo sie ankommt, halten wir sie an. Da ja auf dem Rückweg für diese weitgereiste Uhr wiederum die Zeit langsamer verlaufen ist, lesen wir an ihr ab, daß ihre Reisezeit hin und zurück nur 52 Minuten und 19,2 Sekunden gedauert hat, während unsere Uhr zwei Stunden anzeigt. Bei der anderen Uhr ist dann mit Erstaunen festzustellen, daß sie gegenüber der auf der Erde zurückgebliebenen Uhr eine Reise in die Zukunft gemacht hat. Wir sind nämlich schon mehr als eine Stunde »älter« als sie.

Ich weiß nicht, ob ich Ihnen das wirklich richtig klargemacht habe. Ich erwarte auch gar nicht, daß Sie das echt »begreifen« in dem Sinne, daß Sie sich das »vorstellen« können. Ich muß Ihnen gestehen, daß ich das auch nicht kann. Ich habe diese Angaben aber so präzise gemacht, weil ich nämlich die Formel aus der Relativitätstheorie von Einstein dafür benutzt habe. Für die Uhr, die sich auf diese große Reise begeben hatte, war die Zeit, gemessen an unserer Uhr, »gedehnt« worden. Deswegen sprechen wir ja von der Einsteinschen Zeitdehnung oder Zeitdilatation.

Nun wollen Sie bestimmt wissen, wie ich so etwas ausgerechnet habe. Die Formel aus der Einsteinschen Relativitätstheorie kann ich Ihnen dazu getrost hinschreiben. Sie ist nämlich gar nicht so schwierig. Sie müssen mir nur ersparen, diese Formel abzuleiten. Wir haben ja gesehen, daß ein sehr schnell bewegter Körper relativ zu einem ruhenden Körper (darunter verstehen wir uns selbst) einen anderen Zeitablauf hat, wobei sich die Zeit dehnt. Sie läuft dort also langsamer ab. Die Geschwindigkeit, mit der dieser zeitgedehnte Körper sich relativ zu uns bewegt, wollen wir »v« nennen. In dieser Formel kommt auch noch die Lichtgeschwindigkeit vor, die ja 300 000 Kilometer pro Sekunde beträgt. Das internationale Symbol für die Lichtgeschwindigkeit ist »c«. Die Formel für die Zeitdehnung lautet nun:

$$\sqrt{1 - \frac{v^2}{c^2}}$$

Diese Formel hat nun einen ziemlich raffinierten Aufbau. Nehmen wir einmal an, daß die Geschwindigkeit des zweiten Körpers v = o ist. Dann müssen wir an der Stelle »v« den Wert »o« einsetzen, und als Ergebnis kommt dann die Zahl

$$\sqrt{1 - \frac{o}{c^2}} = \sqrt{1} = 1$$

heraus. Diese Eins gibt an, daß die Zeit für diesen Körper genauso abläuft wie bei uns. Die Formel ist nun so aufgebaut, daß bei sehr kleinen Geschwindigkeiten von »v« der Ausdruck unter der Wurzel v^2/c^2 selbst sehr klein ist. Selbst bei Geschwindigkeiten unserer Satelliten, die sich ja mit etwa 8 km/sec fortbewegen, kommen wir erst auf einen Wert von 0,000 000 000 2. Das ist so klein, daß wir das von der Eins erst gar nicht abzuziehen brauchen. Das bedeutet also, daß auch für unsere heutigen Weltraumschiffe die Zeitdehnung so winzig ist, daß man sie praktisch vergessen kann. Nehmen wir nur einmal an, wir hätten unsere Stoppuhr nicht mit 90% der Lichtgeschwindigkeit ins Weltall geschickt, sondern sie in einem Erdsatelliten in eine Umlaufbahn um die Erde geschickt. Dort lassen wir die Uhr dann ein ganzes Jahr lang mit der doch ziemlich großen Geschwindigkeit von 8 km/sec um die Erde kreisen. Wenn wir sie dann zurückholen, dann geht sie gegenüber einer Stoppuhr auf der Erde in der Tat etwas nach – allerdings nur um etwa eine tausendstel Sekunde. Bei dieser »Schleich«-Geschwindigkeit unserer Satelliten ist also die Einsteinsche Zeitdehnung praktisch unmeßbar klein. Das ist auch der Grund, weshalb wir in unserem täglichen Leben diese Zeitdehnung überhaupt nicht bemerken.

Die Formel ist nun so gebaut, daß die Zeitdehnung erst bei Geschwindigkeiten echt zu Buche schlägt, die sehr nahe an der Lichtgeschwindigkeit liegen. Bei unserem ersten Beispiel mit der Stoppuhr haben wir ja gesehen, daß wir sie schon mit 90% der Lichtgeschwindigkeit auf die Reise schicken mußten, damit die »Zeitdehnung« bei ihr etwa doppelt so groß war wie bei der Uhr, die auf dem Tisch liegenblieb. Wir müssen uns schon sehr dicht an die Lichtgeschwindigkeit heranschieben, wenn die Zeitdehnung wirklich handfeste Werte annehmen soll. Wenn sich ein Raumschiff mit 99% der Lichtgeschwindigkeit ein Jahr lang relativ zur Erde bewegt, dann verstreichen während eines irdischen Jahres in dem Raumschiff immerhin noch 55 Tage und 16 Stunden. Bei einer Geschwindigkeit von 0,9999% der Lichtgeschwindigkeit – d. h. nur ein zehntel Promille langsamer – dauert ein Jahr in diesem Raumschiff nur noch fünf Tage und vier Stunden unserer irdischen Zeit. Würde ein solches Raumschiff nach zwei Jahren zurückkehren, dann wären bei uns zwei Jahre vergangen, während die Armbanduhren der Raumfahrer lediglich eine verstrichene Zeit von zehn Tagen und acht Stunden verzeichnen würden. Diese Raumfahrer wären dann in der Tat um zwei Jahre in die Zukunft gereist. So merkwürdig und unvorstellbar es klingt – für diese Raumfahrer hätte die Reise in der Tat nur rund zehn Tage gedauert. Auch hätten sie während dieser Zeit nur vielleicht gerade für zehn Tagesrationen Appetit gehabt, während wir über 700 Tagesmahlzeiten genossen hätten. Ja, so verrückt sind die Konsequenzen aus der Relativitätstheorie. »Verrückt« ist wirklich das richtige Wort, nämlich aus unserem Vorstellungsbereich und unserem Zeitmaßstab herausgerückt.

Nun wäre ja für diese Raumfahrer eine Reise von zehn Tagen kein besonderes Unternehmen – so lange sind Sie bestimmt auch schon unterwegs gewesen, wenn Sie vielleicht einmal per Schiff eine Nordlandreise gemacht haben. Was hindert uns nun in Gedanken daran, diese Raumreisenden mit dieser großen Geschwindigkeit (nur ein zehntel Promille langsamer als die Lichtgeschwindigkeit) eine Reise machen zu lassen, die hundertmal so lange dauert? Die Weltraumfahrer hätten dann die Empfindung – und das würde für ihren Lebensablauf in ihrem Raumschiff in allen Punkten gelten –, daß ihre Reise nur zwei Jahre und zehn Monate gedauert hätte. Eine Reise von solcher Länge wäre zumutbar, wenn man bedenkt, daß die ersten Weltumsegler drei Jahre unterwegs waren.

Jetzt aber kommt das Groteske. Wenn sie im Jahre 1980 gestartet wären, dann würden sie 200 Jahre später, das heißt im Jahr 2180 zurückkehren, während sie selber nur drei Jahre älter geworden wären. Ihre Kinder, ja sogar ihre Urenkel, die auf der Erde zurückgeblieben

sind, wären dann schon längst tot. Diese Weltraumfahrer hätten dann in der Tat, was unsere eigene Erdzeit betrifft, eine Reise in die Zukunft gemacht.
So unglaublich diese Dinge klingen, so sind diese Rechnungen dennoch richtig. Sie stimmen auch im Rahmen der uns bekannten und wohl bestimmt auch gültigen Naturgesetze.
Das nun ist der Grund, weshalb Erich von Däniken und alle Leute, die an fliegende Untertassen glauben, immer von Einstein reden. Mit diesem raffinierten Trick wäre es nämlich nach den rein theoretischen Gesetzen der Physik in der Tat möglich, auch während eines vernünftig langen Lebensabschnittes riesige Entfernungen im Weltall zu überbrücken. Nun habe ich allerdings betont gesagt: »nach den rein theoretischen Gesetzen der Physik«. Wie aber sieht die Praxis aus?
Papier ist ja geduldig und auch der Zettel, auf dem ich diese ganzen Dinge ausgerechnet habe, hat ja praktisch nichts gekostet. Es sieht natürlich völlig anders aus, wenn wir an die Konstruktion eines Raumschiffes dächten, das mit 99,999% der Lichtgeschwindigkeit durch das Weltall rasen soll. Die uns heute bekannten Naturgesetze geben uns überhaupt gar keine Vorstellung, wo die Energie herkommen soll, ein Raumschiff auf diese riesige Geschwindigkeit zu beschleunigen, es hinterher wieder abzubremsen, wobei wir die gleiche Doppeloperation, nämlich Beschleunigung und Abbremsung, für die Rückreise noch einmal durchführen müßten. Aber davon wollen wir einmal absehen. Und ich möchte den Anhängern Erich von Dänikens und der fliegenden Untertassen zugestehen, daß andere, uns technisch weit überlegene Menschheiten dieses Kunststück zuwege bringen könnten. Dann allerdings müßte man noch bedenken, daß man ein Raumschiff nicht im Handumdrehen von einer Sekunde auf die andere auf Lichtgeschwindigkeit bringen kann. Für uns irdische Menschen wäre das völlig unmöglich.
Da Sie sich in der Weltraumfahrt ja bestimmt schon etwas auskennen, wissen Sie, daß bei der Beschleunigung einer Rakete für die Raumfahrer ein gewaltiger Andruck entsteht. Das war ja eines der großen Probleme der Weltraummedizin. Für bemannte Weltraumraketen mußten die Mediziner den Technikern sehr einschneidende Bedingungen stellen. Die Raketentechniker hätten ihren Raketen während des angetriebenen Fluges nach dem Start eine möglichst große Beschleunigung gegeben. Dann nämlich ist die Erreichung großer Geschwindigkeiten entsprechend leichter. Während so großer Be-

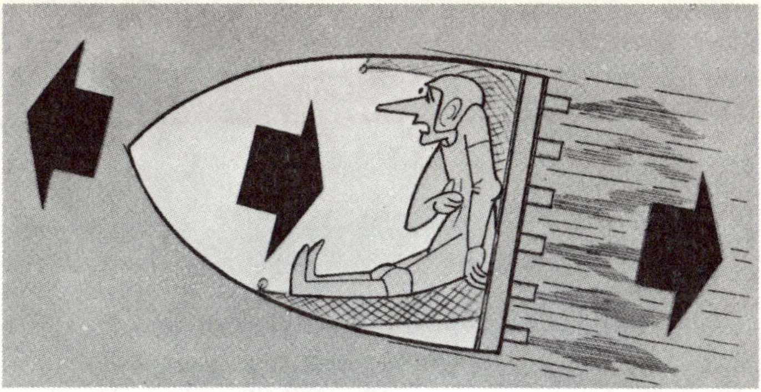

Mit Rücksicht auf die Insassen eines Raumschiffs, die bei der Beschleunigung mit großer Kraft auf ihre Unterlage gedrückt werden, kann man ein Raumschiff nur nach längerer Zeit an die Grenze der Lichtgeschwindigkeit heranbringen.

schleunigungsphasen wird jedoch der Astronaut mit einem vielfachen Körpergewicht auf seine Unterlage gepreßt, ähnlich wie ein Autofahrer bei sehr schnellem Gasgeben gegen seine Rückenlehne gedrückt wird. Wenn nun ein Raumschiff praktisch auf Lichtgeschwindigkeit gebracht werden sollte, müßte man den Antrieb sehr lange laufen lassen. Das allerdings muß so »zart« geschehen, daß der Beschleunigungsandruck für den Astronauten in etwa seinem normalen Körpergewicht entspricht.
Bestimmt haben Sie genug Kenntnisse der Physik, um zu wissen, daß dabei die Geschwindigkeit des Raumschiffes in jeder Sekunde nur um etwa 10 m/sec zunehmen darf. Nun ist die Lichtgeschwindigkeit leider unheimlich groß. Wenn wir diese Bedingungen einhalten müßten, brauchte unser Raumschiff fast ein ganzes Jahr dauernder Beschleunigung, um an die Grenze der Lichtgeschwindigkeit heranzukommen. Bei dem Bremsvorgang vor dem Zielstern müßten wir noch einmal mit einem ganzen Jahr rechnen, um unser Raumschiff so abzubremsen, daß es am Zielort landen könnte. Bei der schönen Einsteinschen Zeitdehnung fallen also praktisch zwei ganze Jahre schon einmal weg. Ich habe Ihnen ja geschildert, daß die Zeitdehnung nach

Der sogenannte »Pferdkopf-Nebel«, bei dem sich die Ansammlung von leuchtenden Gasen und dunklen Staubmassen in den Räumen der Milchstraße zeigen. Diese fein verteilten Massen verhindern eine Reise durch das All mit Lichtgeschwindigkeit.

Eine Reise zu fremden Sternen mit Lichtgeschwindigkeit wird auch in ferner Zukunft wohl kaum möglich sein. Das Weltall ist nämlich keineswegs völlig leer, sondern erfüllt mit einem sehr dünnen Gas und fein verteilten Staubteilchen. Eine gewaltige Zahl dieser Teilchen würde von einem so schnellen Schiff in jeder Sekunde aufgefegt werden und dadurch das Erreichen der Lichtgeschwindigkeit unmöglich machen.

der Einsteinschen Formel erst dann richtig zu Buch schlägt, wenn wir wirklich dicht an die Lichtgeschwindigkeit herankämen. Gewiß, auch während des Jahres der Beschleunigung und während des Jahres der Verzögerung könnten wir etwas Zeitdilatation kassieren. Dies wäre aber so gering, daß man sie eigentlich vergessen kann.

Auch solche Einwände kennen Erich von Däniken und seine Freunde von den fliegenden Untertassen. Nun ja – dann dauert eben eine Reise zu den Fixsternen zwei Jahre länger.

Nun allerdings kommt ein ganz entscheidender Einwand, der zu meinem persönlichen Erstaunen von allen diesen Milchstraßeneroberern immer wieder vergessen wird. Es wird nämlich bei solchen Reisen mit nahezu Lichtgeschwindigkeit durch das Weltall immer übersehen, daß der Weltraum auch zwischen den weit entfernten Sternen nicht völlig leer ist. Zwischen den Sternen nämlich schweben – allerdings sehr dünn verteilt – einzelne Atome von Wasserstoff und Helium. Nur etwa eines unter hundert solcher Atome ist noch schwerer, denn es gibt im freien Weltall auch Atome des Kohlenstoffs, des Stickstoffs, des Sauerstoffs und des Eisens. Die Dichte dieses sogenannten »interstellaren Gases« ist freilich sehr klein. Nur etwa ein Atom befindet sich im Durchschnitt in jedem Kubikzentimeter des Weltalls. Für alle praktischen Verhältnisse ist das ein phantastisches Vakuum. So können beispielsweise die Teilchen der sogenannten kosmischen Strahlung, die sich selbst fast mit Lichtgeschwindigkeit fortbewegen, frei durch dieses »Vakuum« hindurchfliegen. Dabei allerdings dürfen Sie nicht vergessen, daß diese atomaren Geschosse selbst winzig klein sind. Sie können Tausende von Lichtjahren durch dieses Vakuum hindurchfliegen, ohne daß sie jemals mit einem Teilchen dieses interstellaren Gases zusammenstoßen.

Etwas völlig anderes jedoch ist es, wenn wir die Absicht haben, ein Raumschiff mit nahezu Lichtgeschwindigkeit durch das Weltall zu jagen. Dieses Raumschiff muß doch mindestens so groß sein, um wenigstens ein paar Astronauten für ihre mindestens zwei Jahre lange Reise ausreichend Raum zu geben. Selbst wenn ein solches Raumschiff mit der »Spitze« nach vorne auf sein Ziel losschießt, so muß sein wirksamer Querschnitt doch wohl mindestens zehn Quadratmeter betragen. Zehn Quadratmeter sind jedoch 100000 cm^2. Dieses Ungetüm rast nun durch das Weltall und fegt die ganzen feinverteilten Teilchen des interstellaren Gases auf. Da sich unser Raumschiff – um nach der Einsteinschen Formel an Zeitersparnis wirklich etwas her-

auszuholen – ja fast mit Lichtgeschwindigkeit bewegen muß, können wir ausrechnen, wie viele Teilchen das Raumschiff pro Sekunde mit seinem Querschnitt auffegt – oder besser gesagt, mit wie vielen solchen Teilchen es mit quasi Lichtgeschwindigkeit zusammenstößt. Es sind nämlich alle jene Teilchen, die sich innerhalb eines Zylinders befinden, dessen Ausmaße wir ausrechnen können. Die Grundfläche des Zylinders ist 100000 Quadratzentimeter, seine Länge ist 300000 Kilometer. Diese Länge entspricht daher 30 Milliarden Zentimeter. Diese letzte Zahl müssen wir jetzt noch mit den 100000 Quadratzentimeter des Querschnitts unseres Raumschiffs multiplizieren und kommen dann zu folgendem Ergebnis: In jeder Sekunde fegt das Raumschiff drei Billiarden Atomteilchen auf.
Nun haben Sie bestimmt schon von den großen Atombeschleunigern gehört, wie etwa von dem deutschen Elektronensynchrotron in Hamburg, »DESY« genannt. Diese gewaltige Anlage erzeugt in einem Ring von mehr als einem Kilometer Durchmesser einen Atomstrahl von fast Lichtgeschwindigkeit. Der Teilchenstrom, der am Ende dieses Gerätes herauskommt, besteht aus viel weniger Teilchen als unser Raumschiff treffen. Da diese Teilchen ja relativ zum Raumschiff fast Lichtgeschwindigkeit haben, werden nicht nur die Insassen von dieser gewaltigen, dauernden Strahlung in kurzer Zeit tödlich strahlenkrank – nein, es ist sogar so, daß das Raumschiff nach kurzer Zeit in seine atomaren Bestandteile zerlegt würde.
Es ist also völlig unmöglich – auch wenn wir die Antriebsenergie hätten –, ein Raumschiff mit nahezu Lichtgeschwindigkeit durch das Weltall zu peitschen. Das können Sie wirklich vergessen.
Und jetzt haben Sie auch die Antwort auf alle Ihre Fragen in einem kurzen Satz: Theoretisch können wir mit Albert Einstein in die Zukunft reisen, theoretisch könnten wir innerhalb der Lebenszeit eines Menschen bis zu den fernsten Fixsternen reisen; praktisch jedoch würden wir bei diesem Unternehmen zerstäubt werden und zusammen mit unserem Schiff lediglich das interstellare Gas etwas anreichern.
Mit herzlichem Dank für Ihr Interesse und mit den besten Grüßen

Ihr

Heinz Haber

Bildquellen

C. Bertelsmann Verlag, München: 180 (Selhus, Und sie waren doch da, 127, 73); California Institute of Technology: 204; Deutsche Presse-Agentur, Frankfurt: 112; Deutsche Presse-Agentur, Stuttgart: 44, 131; Deutsche Verlags-Anstalt, Stuttgart: 12, 23, 83 (aus »bild der wissenschaft«); Deutsche Verlags-Anstalt, Stuttgart/Klaus Bürgle: 147, 150/151, 154, 205; Deutsche Verlags-Anstalt, Stuttgart/Walter Schöllhammer: 31, 39; Deutsche Verlags-Anstalt, Stuttgart/Siemens: 75; Deutsche Verlags-Anstalt, Stuttgart: 53 (Helmut Tributsch, Wie das Leben leben lernte, Stuttgart 1976, 86); Deutsche Verlags-Anstalt, Stuttgart/Rolf Weinert: 133; Deutsche Verlags-Anstalt, Stuttgart/Zeiss: 33; Deutsche Verlags-Anstalt, Stuttgart/Bernhard Ziegler: 14, 15, 38, 45, 50, 64, 70, 76, 77, 88, 92, 94, 99, 109, 115, 162/163, 175, 195, 203; Deutscher Wetterdienst, Hamburg: 37; Deutscher Wetterdienst, Offenbach: 21; Econ-Verlag, Düsseldorf: 171, 179 (Erich von Däniken, Erinnerungen an die Zukunft); Franckh'sche Verlagshandlung-Kosmos, Stuttgart: 52 (Tiere der Urzeit); Maingas AG, Frankfurt/Bernhard Ziegler: 85; Preußische Akademie der Wissenschaft: 198; Preußischer Kulturbesitz/Bildarchiv, Berlin: 105, 113, 183, 193; Peter Gert Westphal: 166.